# 企業經營這麼做，不賺也不行

施耀祖——著

# 序

近年來，「窮忙」的人愈來愈多了，這些窮忙族忙了一整年，換得的只不過是暫時的填飽了自己或外加妻小的肚子而已。生活品質、財富、自尊對這些人來說通通是天邊的彩虹，可望而不可及，甚至連偶爾想觀賞一下都身不由己。頂著晨曦出門，拖著疲憊的身軀摸黑回家，鎮日埋首於做不完的事堆中，哪來得閒遙望天際想想人生？能夠倒頭睡到天亮就已經非常幸福了。

窮哈哈的一般小民總是羨慕那些家財萬貫的有錢人，住豪宅、坐名車、啖美食、擁嬌妻。其實這些有錢人，尤其是那些事業有成的企業家和經理人，比窮忙族還忙，企業裡頭日復一日成堆的麻煩事，全等著他來決定，沒人敢越俎代庖；各種投資機會傷透他們的腦筋，期望以錢賺錢累積更多的財富，深怕一不留神萬貫家財霎時變成過往雲煙。

當這些人東奔西跑忙得不可開交的時候，其實食難知味、睡難安枕，也沒能真正的享受到物質豐裕的幸福滋味，和窮忙族似乎也沒什麼兩樣。只不過到處受人恭維和奉承的快感，多少可以填滿內心的空虛，強過窮忙族不時迎面的徬徨無助。

人為了基本的生存和成就的排名，真的值得用現在的工作方式付出全部的生命來換取嗎？有些人安貧樂道，生活過得去可是生活的內容卻非常的充實；有些企業家閒散恬適，充分的享受財富帶來的便利和快樂，悠遊於人間，企業一樣經營的卓然有成。

如果轉換一下心態、調整一下做法，這些做得到的境界或許我們也做得到。結果可能不變，但事情進展的順多了，許多的麻煩事不會發生，不會如影隨形的搞得人心煩氣躁，事情都有信得過的人擔著，空閒的時間不自覺的多了出來，大家都可以輕鬆一些，多一點閒情逸致享受工作的果實和短暫的人生。

如果能達到這樣的效果，則撰寫此系列叢書的目的已達。

天佑這些在企業中翻滾沒日沒夜努力工作的人，您可以活得更閒適！

## 競爭優勢與策略方向



## 稽核與執行

## 銷售



## 生產

## 研究發展

## 管理

# 前言

# 在什麼情況下，企業得藉助第三者的客觀分析、評估？

如果你極端的討厭一個人，慫恿他去當老闆，是最好的報復手段。因為企業的經營管理者，總是忙得半死，不僅身不由己，還常把妻兒親友一道拖下來淌渾水。但很多的企業回顧如此努力下的經營成果，往往和原先的預期有極大的落差。論能力、論努力無一輸人，結果卻是兩樣情。苦思不得其解，客觀理性的經營分析或可助身陷泥淖中、茫然無助的經營管理者一臂之力，撥雲見日看清事實。

一家企業就足以讓經營管理者忙得不可開交，如果企業體非常幸運的擴散延伸至許多的領域，分支機構遍佈全球各地，長期維持每一個事業單位的經營績效，都在水準以上甚至獨占鰲頭就非常重要。因為某一個未加注意卻可能是深不可測的窟窿，可輕易搞垮幾十年來辛勤建立的基業。如果對表現不佳的事業單位持續放任一段時間，情勢總是變得難以收拾，這樣的案例俯拾皆是。即時的矯正偏差是避免情勢惡化唯一的法則，它倚賴事先周密而不間斷的經營分析，以切中其弊的提出改善對策。

有餘力則急著擴張，看到別人成長的比較快，心裡就不舒服。這種急切、不輸人的心態是經營管理者共有的特質。砸大錢買下已經存在的企業，可以讓營運規模一夕間暴增，百分百的滿足企求快速和超越對手的快感。有條件的企業樂此而不疲，栽觔斗的不計其數，如果事先對被併購的對象看得更真切一些，事後的懊惱就會少一些。詳細的經營分析，可以揭露許多隱藏在報表數字後面、不為人知卻影響深遠的風險，當它就擺在眼前時，決策的品質則比較能被期待。

人吃五穀雜糧，要完全不生病很難，仗恃年輕體壯不注重養生之道，起居作息混亂飲食無常，當疾病上身時處理起來通常相當棘手。曾經風光一時最後卻悄然隱逝的企業所在多有，就好像曾經身強體健的青年，未料卻染上病痛，此時的病況大部分非同小可，已非問醫看診可斷定病因；對那些病已入膏肓或可能尚存生機的企業，不論決定要壯士斷腕或施予援手，如果沒有經過深入的評估，所做的決定或提出的解決方案，不是錯過生機，就可能是隔靴搔癢於事無補。經營分析提供了企業健檢的工具和方法，讓問題的癥結點因此更易突顯澄清。

企業經營多少會面臨上述的部份狀況，當企業已經產生問題或準備進行巨大變動時，搞清楚現狀為理所當然。如若管理者大部分的精力全都花在危機處理上，自然輕忽了日常的保健，結果是危機四伏到處救急，掉進惡性循環的泥淖中。有謂同心齊力，力可斷金。倘若企業裏面尚存有扯後腿的氛圍，做事的方式、單位或個人，想當然爾因為力量分散而阻滯企業的前進。

這些現象的發現和改善調整，如果期望事業單位內組成份子的自我認知，可能過分高估了事業單位的自省自清能力。通常獨立的第三單位，沒有先入為主的習慣思維，也不因權力利害的考量而刻意的迴避，更能清楚的看到問題和發生的根源。這些狀態的忠實顯現，非止於個人的聽聞和主觀的感覺，嫻熟於經營分析的概念和技巧，例行性的執行各種分析提早發現徵兆，很多的狀況獲得即早的控制，這不是和保健醫學的想法一致嗎？日常多一分努力，日後少一分痛楚，也多一點希望。

# 解決問題不能只是把火撲滅

瞎子摸象的故事，最常被引用來比喻對一件事情的偏見。一件事情如果只從自己熟知的角度來觀察，所得到的結果，就好像矇著眼睛摸大象，摸到什麼就認為是什麼，人言而言殊，任何一個人都無法完整的描述大象的全貌。

若個人只從自身的立場來思考、應對，其行為很可能因此觸犯了別人的權益而不自知，紛爭油然而生。世間的紛擾絕大部分源自於所見不全的偏狹和自私。細小的事情被觸犯者可以一笑置之，顯露其寬宏大度；大而複雜的事，牽扯的權益和利害相對巨大，再大的肚量也難全然蔽之，各持己見反倒常見，紛爭頻仍為意料之事。

企業的本質和規模形如一個具體而微的社會，組織內的人各有所長、各司其職，各有所求也各有自己要維護的權益，彼此之間因為工作而產生關聯，互相依賴，也免不了產生衝突。絕大部分的人眼界僅限於自己所處的小環境，也只維護自己所認知的權益，所以本位主義先天就存在企業組織中。如果企業想確實發現和解決一個問題，僅從表象切入，在本位主義的約制下，得到的結果可想而知，要切中要害和根本解決，無異於緣木求魚。

一套完整的企業經營分析的概念和技巧，看待一個問題的時候不是只從單一面向思考，只看到表象，代之的是全方位的認知和解析，所得到的結果就不會是頭痛醫頭、腳痛醫腳的救急措施。立即見效的作為，像消防隊救火，只要往著火之處大力灌水就能撲滅。這種誰都會的滅火方式，完全無助於起源的發現和根本問題的解決。但是因為容易又立即可看到效果，所以大部分的人捨難而就易，於是企業中到處可見救火隊卻狼煙不斷，該紮實建構基礎的事總被忽視。

# 企業的麻煩製造者可能就是經營管理人

從全方位看一件事情，說來容易做來難，可真不是一件容易的事。

如果你根本不具備其他方面的知識、概念和眼界，那麼你永遠不知道也不會從其他的角度來思考問題。豐富的知識加上人生的體驗使全方位的思考成為可能，所以主掌大局需要全方位思考的人得閱歷豐富，而時間是閱歷累積的基本條件之一，因此這些人大都年歲較長。

然而年歲卻未必是閱歷豐富的保證，如果他這輩子侷限在某一個領域，其成果也極為豐碩，視界仍因所處的環境而受限，單一領域的卓越表現和心得，並不能因此類比至其他特性迥異的面向。可能在特定領域有超凡成就被推崇的人，卻經常跨界，對自己並不熟悉的事物，提出自以為是的見解，憑其聲望和地位，也足以影響某些事情的決策方向，這樣的例子在社會上經常看到，並以另一種形式存在企業中。

一位工作辛勤表現傑出的員工，總是有更大的機會被不次拔擢至更高位階擔任經營管理者。更高的位階意味著掌管更多面向的決策和方向，也具備更大的權力，簡單的說，就是他說了算。企業的權力結構基本上是金字塔的形式，威權決策模式的成分遠甚於多人參與的合議制，一位不具備全方位知識和經驗的經營管理者，如果執著於自己的意念和自信，以其偏狹的知識、歷練和眼界，做出不合宜決策的機率就大增，這些不恰當的決策於是成為企業經營艱難的主要因素。因此經營管理者也常被員工在私底下詬為企業的麻煩製造者。如果他不具備各方面的才華和歷練，卻又剛愎自用，營運的狀況於是載浮載沉，運氣和景氣似乎成為主宰企業經營好壞的主要成分。

# 企業總有問題，看你怎麼面對

一個蘿蔔一個坑，一個口令一個動作，在這種情況下，如果發生差錯要糾正錯誤，輕而易舉，因此執行簡單工作基層人員的行為，很容易被規範，只要說得夠明白，訓練也充分，搭配嚴謹的監督，工作出差錯的機率很低，結果容易被預期。

很多事情不像一對一般的單純，當結果不如原先的預期時，錯綜複雜的關係，使事後回溯追尋問題所在和真正的原因，變得極為困難。

自私是生物的通性，一個小團體的組成份子，刻意的甚至不顧對錯維護共有的權益也極為自然，所以本位主義雖被詬病卻無所不在。換言之形成的問題也不可能禁絕，差別只在多寡、嚴重程度和事後處理速度的快慢，有較佳制度的企業，某些可能會發生的問題被事先的預防措施給防止了；潛在的問題不定期的被發掘出來，並受到妥適的處理；發生問題的時候，有步驟的處理程序提高了處理的速度，可以讓傷害和損失得到較快和最大的控制。制度沒那麼好的企業，失火一樣可以被撲滅，但私心和本位主義的作祟，則可以輕易的掩飾事實真相。發生問題的真正原因沒有被尋獲和徹底消除，死灰復燃的機率大為提高，甚至可能逐步惡化至不可收拾的地步。

企業的經營管理當然不是一對一的簡單事情，其複雜度也不是三言兩語說得明白，如果企業的經營管理者欠缺綜覽全局的資歷，看不透問題，找不到真正的原因，眼前迷障重重，那麼面對問題的時候，還有第二條路可以選擇：善用現成的工具，虛心受教並誠心的接受他人的協助。把身段放低一些遠比輕忽輕信、自以為是或文過飾非更能得員工的敬重。

# 規劃

# 經營企業不要相信計畫趕不上變化這件事

有些成功的人士在接受媒體訪問暢談成功之道時，聲稱他在人生的道路上從來沒有規劃，只是盡其在我，一切隨緣隨機。對那些同樣也認真努力，終日忙碌不堪，但成就卻不能相提並論的人來說，聽到這樣的說法，有些被吃豆腐莫名所以的感覺，滋味並不好受，只能自嘆生不逢時，機運大不如人。

好機會令人稱羨，卻只能由天由不得你。雖然有人戲謔式的自嘲：計畫趕不上變化，如果經營企業的人誤信了計畫的無用論，對計畫的事輕蔑以對，結果就不是個人成就高低般的單純。對企業而言，可能分處於成長和消滅的兩個極端，風險無窮的巨大，影響既深又遠，絕對不像個人回顧人生時所言的輕鬆與豁達。

管理這門學問被冠以科學之名，意味著企業的經營可以透過科學的方法，在設定的條件下，預測它可達到的結果；也就是說，如果具備了充分和必要的條件，企業經營的結果基本上是可以控制的。雖說機運，也就是經營企業俗稱的環境變化，可能超出預期在意料之外，但對企業的影響，只會呈現出變動幅度的差異，並不會影響到企業的長期趨勢和走向。

長期趨勢和走向完全取決於企業的體質和規劃的本事，有好的規劃能逐步強化體質，提高對環境變化的應對能力，帶來好的機運。

全世界比較像樣的企業沒有不做計畫的。有比較短期以一年為期間的年度計畫，也有比較長期年數三年、五年以上的中、長期計畫，這些計畫最終都會以金錢來呈現它所期望得到的結果和實施計畫所耗用的資源。簡單一句話，不論是經營管理者或投資人，都希望知道這些計畫得投入多少錢，可獲得多少利益。如果很高，所有的人都會欣喜的贊同，如果不是，這樣的計畫就很難被接受。

這些被認可的數字，將成為企業的預算，既然名為預算，明白的告訴所有的人它只是一長串假設的數字，並非真有其事。至少在計畫提出的時候尚未實現。

# 別被漂亮的預測數字給矇騙了，缺人缺錢啥事都幹不成

事實顯示，計畫未成成真，預算不能吻合的例子，充斥在各行各業各事件中，不論是政府機關或私人企業皆然。事後檢討計畫未達成時，主事者輕易的就可以找到千百個非可控制的理由和原因，以事後諸葛來為自己未達成的計畫解脫責任。

如果只看數字，我們很容易被漂亮的數字所矇混。

任何一件能被執行的事，都得考慮下面的兩個因素：本身的能力和環境的影響。人和資源是構成本身能力最重要的元素。

事情總得由人來執行，如果執行者的能力尚未到位，看來順理成章的事也會被搞砸。有經驗的人都知道：人對了事情就對了，這個人可是當頭的人而不只是前面所說執行事情的人。

當頭的人加上那些執行者，構成一個同心合力的企業，這些人過去的共同表現就成為企業的能力，如果它過去表現的極為卓越，任何人對這個企業推行困難的計畫則比較有信心；如果它過去表現的成績普通，則不會抱予過多的期望，除非換了一票不同的人馬，否則那些超出能力範圍過多看似振奮人心的計畫，只能用來唬弄不知情或一廂情願的人，包括那些好大喜功的老闆。

沒有人會否認錢是企業的重要資源，沒人再加上沒錢，再好的計畫都甭想實現，可是許多的企業卻這麼蠻幹。他們把所有的人以人頭數來計算，都當作具備充分能力的人，卻刻意的忽略能力的差異，把人當作工廠統一規格的機器，數量多產出應該就多。這些不到位的員工，面對能力不及的事，縱使拚了老命，達不到要求的標準就是達不到。

對於錢的估算則是過於樂觀，從來就不知道，意料之外的事所耗費的錢，可能數倍於原來的預算，實際的情形當然就不是計畫所預先設想的那樣，不是預算費用大增、收益大減，要不就是無以為繼。

## 秤一下斤兩，看自己有多少本事，別自以為是的當個冒失鬼

想要瞭解企業的能力，只消看一下過去幾年實際表現的結果則一目瞭然。如果是穩定的成長而且成長的幅度，每年都超過同業的平均水準，也超越同水平的競爭者；當環境變得較差時，衰退的幅度小於同業的平均水準，也小於同水平的競爭者，不用多說，這個企業的體質是不錯的。相反的情形當然就不同了。

對那些可能誇大其詞的企業而言，看它的年度計畫或預算達成率，馬上就知道這些企業膨風的程度。

企業的經營計畫，基本上是順勢而為、抓緊商機所提出的對策，似乎沒有經營管理者敢逆勢操作，拿一輩子努力積攢的身家財富來開玩笑，可是這種行為卻屢見不鮮。那些看起來行事與眾不同冒險犯難的企業，若不是對企業所處現在環境和未來的展望認知不清，要不就是見解獨到。後者比較常見的是企業真的因此而成功之後，外界給予的溢美之詞，骨子裡其實憑藉的只是一股傻勁和誤打誤撞的微小成功率，與賭徒在賭場豪賭一把的心態和情境類似。

持久而成功的企業，穩健是它們共通的特質，換言之這些企業的經營管理者對環境知之甚詳，因此所做的決策比較貼近事實。長期有系統的蒐集、閱讀和整理資料，無形中提升了決策者對環境變化的敏銳度和預估趨勢發展的精確度。加上經營管理者鎮日在本業內翻滾，對業內小環境的生態：各競爭者的本事、特質、變化知之甚詳，穩健之經營由此而來。

如果缺乏系統性環境資訊的支撐，則有很大比例經營計畫的內容易取決於決策者主觀的好惡，經營風險驟增，以致許多企業的表現上下幅度的變化超乎常理。

從常設資料蒐集、整理、分析的組織型態，以及呈現各類資訊的即時、連續和廣度、嚴謹度，很容易看出這家企業對環境資訊重視和掌握的程度，進而可以精準的判斷經營計畫達成的可能性。

# 誰是諸葛亮？多找些人商量，多一點事前準備，準沒錯

具備能力並充分掌握環境變化之下所提出的計畫，只要假以時日，達成目標似乎是手到擒來之事。大部分的人都這麼樂觀的認為，卻又納悶於計畫推行過程中總是風風雨雨波折不斷，真正順利推展的案件似乎不太多見，直覺的認為這原本就是計畫實施的常態。事先沒想到的事當然可以在實施的過程中，以不斷的校正來彌補計畫的不夠周全，可是得耗費巨額的金錢和人力，這樣的付出對政府機構來講習以為常，可以不用太在乎，對資源有限的企業而言，可是傷筋耗骨。

計畫如果只有梗概、缺乏詳細的推展步驟和作法，上述的情形為意料中事。步驟和做法本質上仿如憑空想像，根基在經驗和集思廣益的基礎上，準備的時候藉由不斷的模擬，找到一個最可行的方式。模擬過程中因預想而事先發現可能產生的問題，得以適度的規避和預思應對之道，除了可以減少意外的支出，在真正實施需面對時，因心有定見，見招即可從容拆招。這樣的人才不是很多，所以集思廣益多方討論就非常重要。

三個臭皮匠勝過一個諸葛亮，一個好的政策方向或決定，如果能彙入各方的看法和意見，在知識、經驗、能力甚至利害關係都不相同的人的腦力激盪、辨證和折衝下完成，實施的細節計畫將更完備。不僅如此，藉由親身參與會不自覺的融入計畫之中，自視為其中的一份子產生榮辱與共的效應，當站在場外看好戲的成份減少時，計畫成功的阻礙相對的就少一些。

# 競爭優勢與策略方向

# 仔細的看看自己的本事到底是什麼？一比見真章

木雕藝術家喜歡在質地細緻堅硬的木材上，揮灑他的藝術能力，精細的雕刻出令人嘆為觀止仿如鬼斧神工的藝術品，這些難得的作品常被博物館看中，以高價購得公開展示，供大眾觀賞，或被藝術收藏家以不菲的價錢蒐購，成為個人的珍藏。

有些質地沒那麼細緻堅硬，但體型夠大夠直夠長的樹木，被伐木工人砍伐後去掉枝葉稍加整理，即成為製造家具或建蓋有休閒風味木屋的好材料。那些散落在森林野外質地較為鬆軟、枝體過小，身型不夠直的樹枝或已半朽的木材，經常被農夫或鄉間小屋的主人整捆的揀回去，拿來燒柴煮飯，或是成為嚴冬時取暖的素材，在冷冽的氣候帶給人們一絲溫暖。

落葉經過雨水的洗禮逐漸的腐化，成為昆蟲成長的營養素，也滋養肥沃了大地，成就了高聳入雲的巨木。

拿質地不夠細緻的木材來雕刻，再精巧的雕刻藝術家也難完全的呈現他的技藝。用身形不夠筆直的木材來搭建房屋，則可能扭曲了木屋的風雅外型。未能量力的用錯地方，物未能盡其用反而遭致責難。這樣的例子在企業營運的過程中卻屢見不鮮。企業經營管理者心有鴻鵠之志，但未能量力而為的結果，到頭來經常以白忙一場收尾。

要惦自己的斤兩，在學校的時候，只消參加幾場考試高下立判。很多企業招募新人的時候非某些名校畢業生不錄取，所持的理由很簡單，這些學校在招生時，已代企業執行了第一道的篩選，學業成績有一定水準的職場新鮮人，企業對他們未來表現的期望比較有信心。

如果把同一種行業所有的企業擺在一起，必然呈現環肥燕瘦各擅其長各有特色的景象，就好像木材的多樣性一般。這個時候企業一定想知道自己和別人不一樣的地方在哪裡？差距有多大？排序在哪個位置？有人把這些東西稱為企業的競爭力。它並不是多深奧難懂的專業術語，簡單的說就是企業目前賴以生存和未來可以用來發展的本事是什麼？本事當然不是自己說了算，它是比較的結果，有點像學校的考試，也有點像武術比賽的擂台，必須和競爭者放在一塊比較後，才評斷出高低和程度。

## 靠獨家的本事擴大基業，辛勤不足恃，機運擺一旁

凡事由小開始，現在的大型企業也都曾經有非常小的時候，大家熟知的電子業巨人，傳奇故事記載的幾乎都是由兩、三個年輕人在自家車庫或斗室中發跡，憑著一股衝勁不眠不休的把一個想法轉化為事實，也從未想到它會大受歡迎因而步入快速成長的路途。

衝勁加上機運似乎就是他們的成功之道，這些白手起家的企業家，因此將努力甚至拚命工作視為終生奉行的態度，也希望工作夥伴奉行不渝。

世上同樣付出的人不知凡幾，但結果卻可能南轅北轍，有人餐風露宿，

有人不可一世，這就是機運。一個原本就一無所有的窮小子，賭一下機運，輸依然是一無所有，贏則可能一本萬利。對一家目前小有成就的企業而言，賭機運的風險卻可能讓人夜夜難眠。

一個想法或計畫，如果沒有一定程度的把握，原則上企業是不會涉險的。「把握」這樣東西，並不是經營管理者自以為是，說是就是，得真的有本事才算。除了沒有競爭對手的獨佔企業，否則在自由競爭的市場，任何可能獲利的標的，都有一堆企業虎視眈眈的覬覦著這塊肥肉，只有本事夠大的才分得到一杯羹。

清楚自己的本事所在，朝著自己有本事的方向推展，成功的機率自然較高。

# 你擁有哪一種獨門本事呢？

財大氣粗的景象總是讓人覺得渾身不自在，但沒有人會否認財力雄厚確實是一大本事。有足夠的銀彈熬得住時間不算短所費不貲的初期虧損，待競爭者受不了資金的壓力相繼瓦解退場，末了由尚存者一次回收投資的例子在很多的行業中可以看到。也可以用它來買別人的本事補自身之不足，或者乾脆買下整個企業壯大自己的規模和領域，這些事情全世界天天在發生，錢確實是一樣好用的資源。

一些政府特許的行業，如果沒有良好的政商關係，可能連邊都沾不上。這些事業少掉了許多的競爭者，因此油水特別豐厚；在許多地區，靠著關係可以擺平許多的事情加快進展速度，那些沒有關係的競爭者，只能靠邊沾苦苦等候，錯失商機。關係有時比經營管理的能力還重要。

在目前正夯的科技產業，不斷推陳出新的產品，似乎就是他們呈現最大本事的結果。那些令人目眩神迷的科技新玩意兒，可是許許多多專業工程師嘔心瀝血的結晶。這些學有專精的研發人員鑽研出新花樣的本事被稱為是企業的研發能力。他們可以無中生有，也可以在舊東西上創造出新的面貌。如果研發團隊夠強，推陳出新的速度快，獲利滾滾而來，落在後頭的只能拾人牙慧。

那些動輒擁有上千研發人員的企業，通常也非常注重知識的管理。經過無數次失敗好不容易才修成正果，如果沒有被有系統的整理、保留和再運用，就不容易完全的傳承給後進，時間和金錢感覺都白花了。同樣的試誤過程如果屢屢重現，推陳出新的速度勢必受到拖延，企業在這部份的競爭力自然比不過知識管理做得比較好的同業。

我們都有這樣的經驗，在馬路上信步閒逛，不自覺的會被人群圍攏的攤販吸引而駐足，忙不迭的墊起腳跟從人縫中張望著頭掛小耳麥的攤販主人。賣力而誇張的表演著獨到的解說功夫，離開的時候手邊經常就多了樣東西。走進貨品堆積如山的賣場，結帳時總會多買一些預算以外的東西。這些東西大部分都是一時興起買的，回家後往角落一擱，很快就被新東西給淹沒了，再次看到時為何購買已不復記憶。

這就是通路的威力。一樣東西如果被別人拿來特別展示說明，或者在各賣場處處可見，它的銷路就會很好。所以很多的企業花了大心力把自家的產品推到各類型的銷貨通路中，當你先佔有一席之地，則意味著阻斷了後來的產品和消費者直接接觸的機會，銷路於是有了保障。有時候雖然產品普通，不像科技產品以創新取勝，銷量一樣呱呱叫。這些變不出多少新花樣的產業，常被人稱做為傳統產業。

有些企業沒有自創品牌的產品，也沒有銷貨通路，可是他們有很厲害的生產技術能幫別人製造商品，如果它的生產成本控制得宜，品質穩定而且交期又能讓客戶滿意，訂單自然源源不絕。這樣的代工產業雖然單品的利潤不高，但是無停歇的巨大產量，也可以創造出高額的收益。他們所依賴的本事是絕佳的製造管理能力，舉凡物料的掌控、生產效率甚至物品配送都有獨到之處。

# 別信那些沒有根據的東西，多準備點後路以防萬一

知己知彼百戰百勝。戰場上以刀刀見血來分勝負，商場上雖兵不血刃，但勝負已在其中。企業的競爭優勢有如戰場上兩軍對陣之利刃，兩刃相接時利鈍立見。「比較」顯然是確認競爭優勢的必要程序，由比較而知長、短、輕、重、利、鈍，由此思索企業下一步的進退應對之道，方若合符節。既是比較就得客觀，不是職位高的說了算，或者輕信幕僚的胡謅之論。充分的數據才能讓競爭優勢的評比達到客觀的要求。很多企業在年終時會擬定下一年度的計畫，並習慣以ＳＷＯＴ分析打頭陣，如果策略方向和計畫，是由那些

缺乏比較數據和客觀評比的優劣勢分析推衍而出，則可能因競爭優勢的偏離事實，降低計畫達標的機率。

縱使目前具有競爭優勢，也不能忽略競爭者有可能急起直追，逐漸的縮小差距甚至超前。當這一刻發生時，原本的優勢頓失，策略方向和計畫的事先籌謀或即時轉向，則考驗著經營管理者的先知卓見和彈性應變的能力。

「如果」之類的好事不常發生，但壞事卻經常成為事實。狡兔有三窟，動物的本能告訴牠世事難料，得先多備一些逃命的路徑，以免臨危無方困坐愁城，任由強者宰割。企業在決定策略方向和擬定計畫時，豈能無視於可能面對的危機而無預擬對應之道？凡事做最壞的打算，結果則比較不會出意料之外。所以企業不會只有一個策略方向死守著不知變通，總是有幾個同時並進；計畫也不會只有樂觀的預期而忽視了最壞情況的應對之道。

# 稽核與執行

## 少了警察社會難有紀律；企業沒有稽核，一樣會變調

徒法不足以自行，大家都知道。滿街的警察有一大半，並不是他們口口聲聲所說的人民褓姆，卻比較像學校裡的風紀教官。他們獲得政府的授權，代政府糾舉人民偏差的行為，藉著令人心疼的罰錢和可能招致牢獄之災的移送法院，讓百姓們的舉措盡可能的合於法律的規範。社會因此建立了一定的秩序，百姓們的日子才能過得安穩。

沒有人有本事能把一件比較複雜的事，從頭到尾的做到好而不需別人的協助；縱使有可能也不見得有效率。所以企業裡頭會根據執行事情的性質差

異，把員工區分為許多的功能部門，採用分工後再合作的模式，以接續的方式把一件事情完成，藉此維持企業的正常運轉。除了人數較少的小企業外，大部分的企業都會針對不同的功能部門，訂立一些做事的程序和規則，希望他們能照章行事，也會配置功能部門主管，期望他能幫助他的工作夥伴們依規定和要求把事情做好。

人不是機械，總會出點差錯。執行者認知的差異和與生俱來偏好自主的特性，加上主管們經常行事無方的窮忙，大夥兒共同掩蓋發生的錯誤，以免被抓包而影響績效考評是常有的事。這樣所得到的結果當然容易偏離原先設想的策略方向和計畫。所以管轄範圍愈廣的高階主管就愈忙錄，忙著到處看、到處發掘問題、解決問題。其實他們的工作內容，大部分是其他主管應做的事，只不過他越俎代庖久了變成習慣。

如果他有很多耳目，這些人都不是在線上或功能部門工作的執行者，他們主要的工作只是看看各功能部門主管有沒有按照事先約定的方式執行，結果是否達到、問題有哪些、原因為何，即時敦促這些未按規矩做事的人或單位調回正軌，所有的事情就比較能在控制中，結果也比較能被預期。

做這種事情的人——或者更貼切的說是專挑毛病的人，當然不會受到各功能部門主管的歡迎。因為他們發現的缺點，會被一五一十的傳回給更高階的主管，那麼年度考績評等和在主管心目中的印象難免受到影響，升官之途可能因此受挫。所以這些主管可能以作假矇騙稽核人員，或者乾脆團結起來以完全的授權和責任制度可以提升效率為由，共同抵制稽核。這些表面上看來言之成理的說法，包藏了私心，說穿了是想讓自己免受第三者的監督而有更大的自由度。當稽核功能因此打折扣時，同時也埋下了日後可能演變成大麻煩的種子。

# 稽核如果是一隻沒有爪子的老虎，沒人鳥你

這些執行稽核的人員如果沒有最高主管授權的尚方寶劍，碰到那些雄霸一方的事業單位主管，可以說完全無輒。收到尚方寶劍的人如果是名不見經傳的小子或不具備相當資歷、威望、好名和備受推崇的人，縱使擁有寶劍，在身形官位都矮一截的心理認知下，同樣難發揮功效。喜歡歷史劇的觀眾，只要看到像包青天一樣的大義凜然摘奸發伏，抽出尚方寶劍大喊「見劍如見朕」，未經報備一刀砍了那些無惡不做的巨賈高官，就熱血沸騰。

古代的「見劍如見朕」其實就是現代所謂的「授權」。當稽核人員發現事情已偏離正軌，他就應該在被授權的範圍內以規矩為方，以聲望為勢，立

刻要求改正，甚至可以依規定逕予懲處，否則稽核單位很容易被視為沒有爪子的老虎，空有樣子而已。

# 股票上市公司的經營管理者不要忘了：企業不再是家天下

在政治領域裡頭有這麼一句大家都認同的話：權力有多大，腐敗就有多大。因此政府機構衍生出層層節制的規章制度，再加上輪調和定期改選，都是著眼在防弊。這些防弊措施難免得犧牲一些做事的效率，成為民主制度至今仍然無解的困局。

私人企業相較於政府機構則沒有這種困擾，因為不論經營的好壞，結果反正全數由經營者承擔，他自然不會任由弊害在企業內發酵，除非被矇蔽或力有未逮。但是當企業成長至一定規模並向社會大眾公開募集資金時，這家企業不再是僅有少數人組成的團體，股東人數暴增至千人甚至萬人，這個時候則可能發生這樣的情形：經營者運用職權，將經營的利益，以不當的手法挪移至個人名下的企業，而損及大部分股東的權益。這種情形和政府機構的當權者運用權力為自己牟利很相似，所以只要是股票上市的公司，稽核制度的完善就非常重要。因為治理不善而產生的虧損，是由投資大眾共同承擔，不只是經營者個人的事了。它的作用除了防止經營者擅自挪移公司的利益給私人，也希望稽核制度能在公司治理方面幫上一些忙。

# 表面文章，逃不過行家的法眼

看制度是不是真的建立，得檢視兩個基本要素：規章辦法和執行力。

企業要訂定稽核規章辦法是輕而易舉的事。拿了鉅額輔導費協助企業上市的會計師義無反顧幫企業規劃，撰寫規則辦法，他們只要參考主管機關的要求和曾經輔導過的案例就能搞定。

至於執行力，主管機關通常以看結果報告了事，為了順利通過審核，免得被挑剔增加麻煩，製作一份份量既厚、資料又完整的紀錄和報告，做足樣子虛應故事一番毫無困難。許多的上市公司在證券管理規章的嚴格要求下依然頻出差錯，實為意料中事。

事實上評估一家企業是否真的落實稽核制度，只消看一下稽核組織的狀態即可知其端倪。如果編制中的稽核人數和應有的工作量不成比例、人員資歷淺薄、稽核單位主事者的資歷、能力、威望不足，任用自家人、檢查頻率偏低、稽核組織在企業的位階不對稱、獨立性不夠，這樣的稽核單位應該就是聊備一格，做做樣子罷了。

審視一件事情是否符合設定的要求，當然得先有標準才能清楚的知道實況和要求標準間的差距，進而選擇適當的力道來改正。如果設定的標準含糊其詞，缺乏量化的數據，稽核結果則可以籠統、不著邊際的言詞帶過，於事無補。這種無濟於事的稽核行為受稽者大為歡迎，有時候連經營管理者也樂於做個埋首於沙中的駝鳥，眼不見為淨。企業中很多惡化的事件源之於這種態度，小缺失未能及時糾正，經年累積釀成麻煩事。

# 銷售

## 別以為成功可以輕易的複製，時空環境的不同會讓人跌跤

放眼古今，能讓後輩視為楷模的人物，各在不同的領域引領風騷，但每一位傑出的人士再有本事，也只在某一個專長領域內發光發熱，窮其一生不斷的鑽研，方得不朽之成就而讓人景仰緬懷。似乎找不到任何一位能跨兩個不同領域，兩方面均成就斐然者。天縱奇才的達文西，在藝術和科學方面的成果均卓然有成，但藝術之成就遠超越科學面向的見解。科學上許多創新的設計構思，只見諸於手繪草稿，終未在其有生之年以實體呈現。那些看起來似乎什麼都懂都知道一些的人，似乎只會出現在政治領域，他們真正的專長

是權謀和心機，此外一竅不通。常因社會組織的權力結構賦予過大的決策權力，以致禍國殃民遺害人間。

基本教育和社會的初嚐體驗耗掉人生的前三分之一，臨老時的身體虛弱心智衰退再耗掉人生的後三分之一，真正能發光發熱的只剩中間三分之一的時光；其中還得花費很多的時間，在反覆犯錯中獲取經驗並奮力求生。在單一領域內有特出的成就，因此極為難能可貴。固定的歲月限制了這一輩子可達到成就的範圍，大家都相同。

企業從無到發達的過程，只有親身經歷的經營管理者知其艱辛。它的過程、限制和最終所呈現的結果，與個人一生的歷程還真的相當近似。

建立基礎得耗掉初期多年的時光，其中不計其數的嘗試和錯誤，足以摧毀大多數創業者原本的雄心壯志。好不容易找到的一條明路和方法，如果能不辭辛勞不計得失的持續經營一段時間，就有可能在專注和努力中讓這個企業受到關注，賺進財富。

環顧生活四周的知名企業，我們可輕易信口的說出他們最具特色的產品，這些產品的內容和種類並不多，但無一不是同類產品中的佼佼者。當消費者或客戶有這類產品的需求時，不經意的馬上想到他們的產品，業績和利潤自然滾滾而來。要達到這樣的境地，可想而知得長時間辛勤的經營和逐步累積聲譽，也一併耗掉了參與者的全部心力。

一樣或一小類的的產品如果能達到這樣的境地，其他的產品是不是可以循相同的模式，或者搭成功產品的便車得到相同的結果呢？答案通常是否定的。原因其實不難理解，時空環境的前後差異，不同的人、事、時、地、物的組合，使遭遇的問題和解決的方法大相逕庭，之前成功的模式不見得現在派得上用場。當新產品的開拓沒有了捷徑，同樣得花一段相當長的時間醞釀熟成，在這段培育養成期間，這類產品所造成的虧損必然直接影響到企業的收益。如果類似的產品很多又遲未見效，原本的良好體質在逐漸侵蝕下，也可能不堪負荷，這樣的案例舉目四見，在外界驚嘆和唏噓聲中收攤的企業也不少，一輩子的努力因此煙消雲散，所以不時的檢討企業的產品組合非常重要，針對那些虧損已經有一段時間遲未見起色，或收益微薄卻耗用大量企業資源的產品，急流勇退快刀截流，不失為明智之舉。

# 把錢借給別人用，把精力花在討債上，別傻了！

如果經營企業不用投入本錢，卻能賺進白花花的銀子，那麼這家企業幾乎不存在經營風險。風險跑哪兒去了？答案是：風險全部轉嫁給往來的供應商和客戶。世間除了為人父母心甘情願的為子女無償付出，承擔一切責任卻不求回報外，應該不存在這樣的行業或企業。天性精明的生意人，照理說不會慷慨或白目至此地步。

事實上這樣的情形並不少見。延後支付現金的支票，表面上是把收到貨品現在就應該支付的錢，延後數月後才支付，骨子裡其實是希望多用別人的錢，相對的可以少用自己的資金來賺錢。生意人可沒傻子，買東西的時候希望能延後付款給供應商；賣東西的時候，買方也希望延後付款給你，如果這兩者的票期相當，其實大家都沒有揀到便宜，只是平白無故的增加了記帳、付款、催帳的麻煩和繁瑣的工作，並衍生出倒帳的風險，也增加了管理的複雜度。所以很多企業雖然不能免俗的設定了收、付款固定的票期規則，卻常以購價折扣來鼓勵客戶提前付款，也就是在收到貨品或交易已經完成時支付現金，主要的目的就是希望儘可能規避倒帳的風險，連帶的簡化相關作業和管理。

實施這種制度的企業同樣難抵現金折扣的誘惑，在買入貨品時也會即時支付現金給供應商，採用或習於這種類似於銀貨兩訖交易的企業，除了可以大幅度的降低倒帳的風險外，由於資本運用和利得狀況的清晰，間接的促使經營管理者避免採用信用過度擴張的政策，以穩定為經營的主軸。

延後收取現金貨款，其實是吸引客戶購買自家產品的誘餌，簡單的說就是借錢給客戶，讓他有能力來購買你的產品或提高他購買的意願，如果你給的付款條件愈好，意思就是借他更多的錢，他當然會向你買更多的產品，企業的業績因此可以大幅度的躍升，企業的銷售單位也就可以領到鉅額的銷售獎金。因此放寬信用條件和擴大額度，總是受到他們的大力支持，並極力的替客戶爭取額度，事業單位的主管也滿喜歡用這種方式，提升突顯自己的經營績效。

這種看似互利共生的方式，在經濟景氣不錯的時候，皆大歡喜；可是當景氣轉差，這些藉寬鬆信用額度大量被借出去的錢，如果不能如期回籠，甚至收不回來時，則可能發生現金週轉不靈的狀況，甚者一夕間倒閉引發連鎖效應，牽連上下游一掛的廠商。

一筆倒帳得多十筆銷售才能弭平。企業寶貴的人力資源如果花太多的比例在催帳和追討欠帳上，類似於無效益的投入並不值得，是另一種的窮忙。反過來說，客戶不在多，營業額也不在大，有高的獲利比率、投資報酬率和充裕的在手現金比較實在。因此信用控管的嚴謹度和應收帳款與呆帳的比例，常被投資與管理高手用來檢視企業營運的潛在風險，偏鬆的信用機制和過高的欠債比例，得不到他們的青睞。

# 窮則變，變則通，別被虛偽的業績給唬了

除了電子產品的輕、薄、短、小被使用者咸認為「好的」之外，其他的各種事或物，多、寬、大、長、重，總是毫無疑問的被認為是「比較好的」。規模大的公司、人數多的組織、業績多的單位、房子寬敞、車子碩大，甚至於身材高大，都會引人注目受到稱頌，有時還因此得到特別的禮遇呢！多一些似乎和好一些是相連的。

如此深植不移的概念，也自然順勢的被引用到企業裡頭。老闆或上司總是希望員工工作時間能長一些，卻不在乎他們是否有對等的產出。付出比較高價的加班費和衍生的其他額外開支後，如果沒有得到相對等的收益，沾沾

自喜於佔了員工便宜的企業，在和員工的拉鋸中，不見得佔上風呢！

相似的情形也出現在經營管理者對業績高成長要求的比例中。高度的期望除了明顯的帶給業務人員超過負荷的壓力，以致身心俱疲外，窮則變變則通，各種取巧的手段紛紛出籠。憑著良好的關係，有些會塞貨給客戶，隔一段時間再以退貨來消化過多的庫存。因為退貨的原因眾多加上時間差，雖然實質上確實減少，但退貨金額通常不會從已經統計的業績中扣除。或在市面上庫存超過臨界點時，說服經營管理者以跌價、回饋來促銷這些庫存，原本已經到手的利潤就此吐出去部分。營業單位運用這些方法時，可訴諸於市場競爭與變動因素或市場存量機動調配的理由，以便和銷售單位營業本事的評價脫鉤。銷售市場多變彈性應對的特質，幾乎可以完全掩飾事情的真相。

相較業務人員有來自管理者施加的壓力，企業經營管理者也有來自投資者和競爭者比較經營收入的壓力。當企業本身的能力和進步的幅度不及要求標準時，關係企業之間供貨數量或買賣物品的價差調整，可以不著痕跡的改變業績的金額。當統計時間屆臨，業績離目標數值仍有一段差距，關係企業間虛假而無實質移轉的交易，可以助經營管理者解燃眉之急，來自投資者與外界批評的壓力，頓時能獲得舒解，這樣類似於鋌而走險的作假方法，違背了企業經營最基本的誠信原則，當然不可取，但是要一眼看穿其手法並不容易。所以在評估一個事業單位或一家企業的業務營運能力的時候，還得多費心思想法子分離出這些特殊作法的虛胖業績，免得被唬弄了！

# 爭利益的路上無兄弟

有些企業集團的關係企業眾多，關係企業之間很多都具備上、下游供應鏈的關係，如果某一個小事業體的業績，全部承接自其他自家的企業，縱使業績的數字亮麗，其成績不過是沾了其他事業體的光，實質上卻完全不具備獨立拓展業務的能力。這些缺乏自我謀生能力的事業單位，在景氣轉趨低迷時，猶嗷嗷待哺等待奧援，必然拖累主體企業，深化景氣的衝擊。

因此不論是何種性質的關係企業，從風險控制的角度來看，顯然得極力培養自我謀生的能力，將依賴自家企業的程度降至最低水準。當企業集團的每一個子體均可自立自強時，如其他個體不幸遭遇變故，損害程度即可控制在局部範圍，不致因連鎖反應一發不可收拾。

當關係企業都被視為獨立運作的個體時，關係企業、子企業和母公司之間，即可轉化為供應商與客戶互利共生的關係。以競爭優勢和利害權衡，來決定供貨、售價和服務的強度，彼此間的往來著眼於營運利益的最大化，血濃於水的親情昇華為理性互助和居於前位的優先選擇，而非義無反顧不計代價的濫情。

# 折價賣東西誰都會，肥了客戶瘦了公司

賣東西是銷售單位和銷售人員求生的本事，賣的好賣的多證明有過人的能力，步步高升可期。他們辛苦努力帶來不斷成長的業績，是企業茁壯擴張的主要支撐力量，同時引發週邊各式各樣配合的事情，許多人因此有事可做，投資者跟著獲利，真正功德無量。銷售單位這種類似火車頭的功能，在企業的組織架構中毫無疑問的被擺在最顯著的位置，沒人會輕忽。

傑出的銷售人員可化腐朽為神奇，幫企業獲利為員工謀利，但是普通的銷售單位卻有可能神不知鬼不覺的為大眾帶來災難。

一樣產品如果依照企業預先設定的利潤標準來推銷，在自由競爭的市場必然會遭遇同業四面八方的競逐，最後如果達標，過程中銷售人員所付出的辛勞不在話下。很多的銷售人員或力有未逮或不諳銷售之道，又甩不掉企業加諸於身的達標壓力，此時以企業的獲利為籌碼，訴諸價格折減是招術用盡時，所剩的唯一方法，這一招在激烈競爭的市場相當管用。當成本統計存在許多複雜的因素，不是很容易也不是很明確可以獲得成本數字的產品或產業，大部分的經營管理者在達成業績目標的強大壓力下，輔以截長補短的思考邏輯，通常對價格折讓不會多加阻攔。何況銷售人員總是可以找到千百個理由來支持自己的說法。

如果這種情況屢見不鮮，就很容易看到營業額雖不斷的成長，但平均獲利率卻持續下降的分離現象；企業並沒有因為經濟規模擴大而得到各種相關分攤費用降低的好處。利潤的減少有很多時候並不一定見諸於銷售價格的折讓，銷售人員會技巧的以贈送更豐富的配件、銷耗品或提供額外的免費服務來達到相同的目的，卻所費不貲。

很多時候，特別訂製產品引發許多標準以外的特殊服務所增加的費用，因為事先精確估算困難或主事者的思考層面過於簡略，當產品交付到客戶手上時，可能將利潤全部拱手讓出還不夠。這類的產品如果接的愈多，對企業利潤的傷害就愈大。這些損失的利潤大部分係以包裹方式含在管理、銷售或研發費用中，事後要清楚的分離和歸類多少有困難，再加上銷售人員的舌燦蓮花，企業搞不清楚，獲利率自然節節衰退。

這些對利潤造成傷害的因素以各種形式隱匿在企業內的各個角落。如果對產業的生態不熟悉，對銷售單位的各種伎倆陌生，對產品成本的組成不清楚，欲深入解析其真相常不可得。

# 松鼠到處藏松果以備過冬，多到忘了放在哪兒，白忙一場

松鼠鎮日在樹林間爬上爬下到處找尋松果，吃不完的松果則覓處貯藏以便嚴冬缺糧時食用，可是大部分的情形是辛苦貯藏的松果，因為牠忘了放在哪兒而未被食用，白忙一場。

動物因為恐懼食物匱乏而儲存食物，人類似乎也難以擺脫而有類似的行為，相同的東西總會多買一些以備不時之需。在這個號稱有史以來最富裕和推陳出新速度最快的年代，不時之需並不常發生。

有些東西放久了會腐敗不能再用，有些則喪失了新鮮感，事後很難再瞧

它一眼。不是被丟棄就是永久塵封，還佔據了家中寶貴的生活空間，甚至根本忘了它放在哪兒，就和松鼠一樣；那些得空拿來把玩翻弄一番的東西，算是很幸運的了，看完捨不得丟棄重新回歸原位，它繼續占據家中一席之地。

走進傳統的雜貨店，各種物品總是到處堆積，有時還得側身才能通過，東西放在哪兒只有店老闆才知道。這些店家通常不太賺錢，只能維持溫飽，因為東西看不到找不著，客人的購物量就少，營業額不會高；店裡東西一多，資金的壓力就大，賺到的錢有一大部分都變成貨品，積在店裡難以快速的轉動，放久了過期不能再賣，或自然的風化變質以致損壞，則造成損失。

成功的便利商店，把這些缺失全部改了過來。雖然販賣東西的價格貴了些，空間又不大，可是看來明亮寬敞，一眼望去幾乎沒有死角，一目瞭然。東西的存量不多，但補貨迅速，週轉差的沒一陣子就被其他熱門商品取代強迫下架，他們把庫存的數量壓到不能再低的水準。縱使每月得付出高昂的店租，仍然大賺其錢。這些連鎖便利商店的成功實在令人敬佩。

行業特性的差異，影響到庫存的型態和數量，但是東西進來後儘快把它賣出去的基本態度是不變的，它的效果也會是一樣的亮麗可觀。

很多銷售人員為了衝高銷售量，儘可能的到處堆貨，當貨品銷售出去，店家才會就已銷售的部份結帳，那些久久沒有銷售出去的貨品，實質上都是企業的庫存。如果這樣的銷售模式遍及各地，累積的庫存總量則極為驚人，進而影響到企業營運資金週轉的順暢。放久的商品如果疏於保管維護或超過保存期限，各種的損失相繼的產生，表面上看來似乎無礙事的高庫存總量，和前述的應收帳款、逾期呆帳，堪稱為企業的三大殺手，常傷企業的筋骨於無形。如再加上銷售單位樣多唯美的思維，將產品線盡量的延伸，在產品類別擴張的基礎上，庫存總量更難控制。

庫存的週轉天數是檢視庫存是否符合標準的簡單工具，如果週轉的愈多、天數愈少就表示庫存管理愈佳，因為每週轉一次就會替企業賺進一些錢。反過來說也可以用多少天可以將庫存消化掉來評估庫存量是否恰當，如果目前的庫存量得花三個月才能完全消化，那麼庫存量如果能控制到一個月就能全部消化掉的情況當然比較好。所以庫存量是否過多，不能只看庫存數字的多寡，它和銷售的情況有關係，短時間就能消化的庫存，庫存的數量再大也不用擔心；否則量再少也可能成為一堆廢物。

# 賣得多賺得少，所為何來？

商品放在櫃架上或店內，如果客人會主動的購買，這樣的商品不是人盡皆知、甚獲好評，就是被某種因素所吸引。這些吸引客人上門或吸引客人購物的做法，就是大家耳熟能詳無所不在的「促銷」。大量的廣告可以塑造出知名的品牌，良好的品質或物超所值可以獲得客人的好評，而價格折讓或附加的有趣贈品，是最常被商家使用的促銷手法。

看來都差不多而且是經常使用到的商品，只要比原來的售價或比競爭者稍微便宜一些或多送贈品，客人就很容易受到吸引而購買。那些不常使用，但在需要的時候，只要店家特別的推薦，商品就比較容易被客戶選中，店家因為這家企業提供比較多的佣金，而樂於優先推薦主動說明。銷售人員因為銷售獎勵的比例隨業績的增加而調高，成為他們賣力衝高業績的動力，不論何種促銷的方式，說穿了金錢是唯一運用的誘餌，只是被五花八門的包裝給裝飾的色彩繽紛，客戶、店家、銷售人員均為之追逐其中，主客均歡。

生意人終其一生都在盤算著，如何讓出一些小錢以獲得更多的報酬。每一樣單品用來促銷所犧牲的利潤，如果因此能夠賣得更多，那就划算，銷售的結果如果和沒有辦理促銷活動時一樣，或者只是多一些，但是多賣的部分所獲得的利潤並不能彌補促銷所花的費用和削價所減少的利潤，那就是白忙一場。因為促銷使業績目標的達成變得比較容易，因此銷售單位總是熱衷於推出促銷活動。花掉大把的銀子，業績看似成長，實際的利潤總額卻縮水，這樣的促銷法則顯然有欠考慮。

企業擬定廣告計畫及促銷活動時，設定達成目標不能忽略在計算利潤總額的時候得扣除價格折讓、業績獎金、廣告和相關事務安排處理所增加的支出，其結果還得比沒有促銷活動的利潤高出一定的百分比才有意義，要不就很容易陷入表面看似成長，實質卻倒退的情境。

實質的收益比漂亮的帳面數字來得實際的多，道理很簡單，可是許多的企業常反其道而行。

# 能輕鬆賺的卻不去賺，有失聰明

大家都明白商人在賣掉一樣東西的當時可以賺點錢，但不是很清楚商品賣掉後很長的一段時間，錢仍然能滾滾而入。商人把這種賺錢的把戲稱為售後服務，客人在掏錢的時候，還因為接受到好的服務而覺得窩心。接受別人的服務或者購買商品的耗材，當然得付費。通常每次售後服務的支出比購買商品的費用少，而且少的有一段距離，客人比較不計較，又因為特殊性而沒得比價，所以利潤率可以非常高。商品使用的時間如果愈長，需要售後服務的次數則愈多，那麼累積起來的利潤就愈高。很多行業在售後服務全程所賺到的錢，比賣掉一樣商品的獲益多的多。

所以消費者有時可以很低甚至低到難以想像的價格買到商品，譬如使用電腦所必備的印表機，但後續毫無節制列印所需墨水的支出多得嚇人。商家看到白花花的銀子源源不斷的流入可樂得開懷。

開發一個新客戶實在不是一件容易的事。廣告、舉辦活動促銷、鋪貨、送貨、拜訪客戶、說服、競價、收款，樣樣不能少。這些都需要支出費用，剩下來真正賺到的也就有限。售後服務則不然，客戶已經到手，不再需要支付龐大的客源開發費用，只要能提供充分的耗材和滿意的服務，客戶幾乎沒有不照價埋單。有些企業將全部的資源投入困難的前端作業，卻忽略這一塊的順手利潤，實在讓人猜不透他們的思維。很多企業將銷售和售後服務擺在一起併同管理，解析其業務能力時，評比同業售後服務佔總營業額比例的高低，立顯銷售能力之短長。

# 生產

# 知道什麼是標準作業程序嗎？半吊子沒啥用

母親牽著蹦蹦跳跳不怎麼安分的小孩，信步的走著。看到一樣東西手指著叫出它的名稱，重複了幾聲後，小孩也跟著有一搭沒一搭的複述。雖然發音不是很正確，不過稚嫩的童聲，足以讓做母親的開懷展顏。重複的疊音，正是母親引導子女探索人世間各種事物的敲門聲，學習之路才剛開始。

往後漫長的教育階段，母親的親自教導逐漸被教師在課堂上的集體教學和沉重的書籍取代。老師不可能如母親一般二十四小時的在身邊耳提面命，課堂上聽不懂或者根本沒聽到的訊息，學子們得學會從書本上的文字來彌補，閱讀成為往後的人生吸取知識、自我成長最好的方法。它不受時空的限制，不用經常厚臉的跟人請教，學得慢也不會有別人知道，只要比別人用功一些多重複幾次就可以彌補回來。

寫的好的文字，平鋪直敘邏輯順暢，讓人一眼就看懂，人人得而受益，它彌補了親身教導受時空限制的不足，知識的傳遞可以無遠弗屆。

文明愈進步，日常用品所設計的功能似乎也愈來愈複雜。很多東西不再像以前那樣只要插上電源，按一個鍵就能使用。那些複雜的設定程序，可以應付所有可能發生的狀況，卻常常讓使用者摸不著頭緒；尤其是老人家，如果沒有年輕人的幫忙，很多新東西都無法上手。這個時候，如果有一份清晰、簡潔、完整的說明書，就能幫上大忙。使用者只要依樣畫葫蘆，一步接著一步的操作，不需要別人的教導，依然能充分而自在的運用所有功能。

使用一樣新東西只因為操作有點複雜，就讓人氣餒的想放棄，遑論企業的製造工廠得無中生有，生出許許多多各種類型的產品。

對那些在製造工廠生產線工作成群成隊的人來說，只要是初接觸的事物都算是新東西，工廠的管理者得有本事在很短的時間內教會他們應該有的技能。工作人員來來往往新舊交替，增添了教導的複雜性，這個時候如果有一份清晰、簡潔、完整有如使用說明書般的文件，自然可以大大的縮短教導的時間，而且還可以提升自我學習的機會。學得好做錯事的機率就減少，麻煩的事相對降低，管理也比較容易，當然比較能確保企業經營管理者最看重的獲利。

在生產工廠或企業一般事務的運作裏，以文字輔以圖說詳細的敘述各工作步驟和方法的文件，有一個共通的名稱：標準作業程序。（SOP）

這個被各界叫得震天價響的標準作業程序，可不是請企管顧問公司捉刀拿來虛應故事的一堆文字，或用來爭取訂單騙騙外行人的把戲。它得能被真正的使用，不會出差錯而且還得有一定的效率；每一個人，不論他的身分為何，只要是做同一件事，都得按照標準作業程序的規定來做，沒有例外。

要制定符合這些要求的標準作業程序，顯然不是一件簡單人人可為之的事。豐富的工作經驗、細緻周到的思維、夠水準的管理概念，而且還得有不錯的文字表達能力才可能勝任。只要是素有好評的企業，都會集結這麼一群優秀的人專門做這件事，甚至看著它被充分的實踐。

在生產工廠制定製造用標準作業程序的重責大任，於是落在資深工程師的身上。他們得在一樣產品正式進入量產前，就已準備好標準作業程序。生產所需要的材料規範、加工條件、加工方式、移動路徑和品質的要求，所有應該注意的地方和相關的細節，通通包含在讓工作人員一看就懂的標準作業程序裡，而且事先被證實是做得到的。當成千上百的工作人員，只要按著標準作業程序的說明和規定來做，產品的結果和水準就能被期待，它才能叫做標準。

生產工廠如果沒有制定標準作業程序的組織，由一群像樣的人來操持和確保施行的制度，那麼就只能依賴那些資深工作人員的經驗外加運氣。結果是許多工廠產品的品質隨著人員的變動起起伏伏，交貨的日期拖拖拉拉，司空見慣不足為怪。管理者倘若抓不住標準作業程序的精髓，似有若無的虛應故事，終其一生無盡的忙碌可以預見，可能連夢中都著急的在到處奔波救火呢！如果你想要害人一輩子，勸他去開工廠準沒錯。

# 每樣東西如果都有身分證，「亂」不容易

很多女孩的外表總是光鮮亮麗，艷光四射，吸引眾人的目光。有朝一日如果能為入幕之賓，你極有可能會被宛如機關槍掃射過的房間景象所震懾。年輕男子千萬別被外表迷惑而誤判，外表和背後的行為之間並無一致性的關連。

亂中依然有序，是這些隨意放置物品的人，他們奉行的行為哲學。這些漂亮美眉並不會因此找不到她拿來眩惑眾人的美麗衣服、配飾和包包，因為房間不大，一眼望去，所有的東西都在咫尺之間、雙目之內。

有一位《紐約時報》的編輯被調職得搬移辦公室，整理文件時赫然發現

他遍尋不著遺失已久的英文打字機，居然被隨手放置成堆累牘的文稿掩埋了十數年之久。在那個年代，英文打字機就像現在不離手的電腦或手機，是編輯最重要的工具。亂中有序，也能藏物。

工廠生產一樣產品，需要使用到的材料和用品不知凡幾。你只要順手拿起身邊一樣不起眼的東西隨意的拆解，散置在桌面上的零件，總是讓你頭疼得不知如何把它們再度復原，就知零件種類和數目的繁多。如果回溯到製造零件所使用的基本材料和生產零件過程中的輔助材料，加上使用會耗損的工具和隨手使用的一些不起眼的雜物都算在內，則知道要全部搞清楚是一件非常困難的事。

如果這些東西不論使用前、使用後或過程中，工作人員都隨興之所至的任意採購、放置，沒有人相信亂中依然有序。

要把東西管好，得想法子給每一樣東西一個身分。身分如果是一個名字，很容易因為使用者的認知不同而產生差異，就很像兩個完全不同的人卻可能有相同的名字一樣。所以我們一輩子使用的身分證並不是以姓名為分別你我的主要依據，而是以號碼加上字母來區分，並且得保證獨一無二，如果鬧雙胞，很難想像會帶來多大的麻煩。

那些看來相似的東西，如果能集中在一起存放在同一個區域，管理起來會比較方便。相似可以是形狀、重量、長度、特性、功能或管理者自認為管理起來便利都可以被視為相似。以是否相似為基礎的區分則成為小類別，管理者也可以把某些小類別集中在一起，成為另一個較大的類別，很像身分證以兩個不同的英文字母，放在身分證數字的前面來區別男生和女生。

類別設計得愈多，編碼愈複雜，以人工來編碼時則愈容易出錯。原先想要讓所有東西都就緒的美意，反而打了折扣。電腦辨認和搜尋功能的強大，解決了複雜編碼的問題，只消按原先設定好的詞彙勾填物品的各種特性，電腦軟件就能辨別差異或把相似的東西彙集在一起，以便各種管理用途。所以現今的編碼系統，除了少數的大、中、小分類外，其他通通可以流水碼來區分，幾乎不會出錯。

有實際工廠管理經驗的人，評析一家企業生產單位的管理水準時，一定不會忘了先看他們的編碼系統，是不是準確、好用、有沒有邏輯上的謬誤、日常的管理行為和方式是不是和編碼系統原來的構思與設置的目的吻合。

管理得依賴充分的資訊，編碼是蒐集資訊的基礎，因此編碼幾乎可說是所有管理行為可否落實的基礎。工廠中的編碼不是只有材料而已，還有產品、零件、耗料、物料、工具、模具、機械設備、甚至擴及標準作業程序說明、表單等等。如果不稍事用心，工廠管理要提昇水準很難。

# 多買一些比較划算？他的庫存變成你的庫存

有錢就是大爺。採購人員在企業內的位階可能不是很高，但對賣家而言，他們可各個都是財神爺，待之以上賓不在話下，吃香喝辣難以避免，只要不拿回扣，企業沒有必要也不可能完全禁絕。因為這種看似不太檢點不合規範的行為，相較於採購人員的錯誤採購可是毫不起眼。

捧錢買東西沒有人不會，但要買得恰到好處還真有點學問。一般的管理人員最在乎是不是買貴了，所以「貴」這件事反而很少發生。企業內層層的審核機制全部著眼於價格的合理性，十目所視之下，採購人員自然兢兢業業的比價並使勁的殺價，殺到見骨見血時而有之，很多企業把買價減少視為採購人員的主要績效指標。電腦系統最低參考價的設計推波助瀾，讓超過參考價的採購案，得大費周章詳加說明解釋才能過關。大宗材料、物料或大金額的採購，老闆親自操刀上陣或另外委託信得過的親信接手的情形所在多有，都是相同的目的：深怕買貴了。

當貴與便宜成為採購焦點時，數量與品質相對被忽略，反而躍升為生產工廠的大問題。很多企業因為多買以致資金週轉不靈，也常因材料或外購零件的品質不佳大傷元氣。

價格便宜在兩個條件下最容易達成：第一是採購數量提高，第二則是物品的品質等級降低。採購人員有績效指標的壓力，管理人員則著眼於看得見的成本減少，通常都很難拒絕多買一些的建議。有些時候這些多購的量在一段較長的時間確實會用到，有些則人算不如天算，可能永遠都用不到而成為呆滯庫存。

如果每一種材料、物料、零件甚至於用品，每次採購的時候都有類似的情形，經年累月積聚的庫存數量和金額就可能大得驚人。你只要回家看看自家堆積如山、經年不用的東西，就很容易體會工廠怎麼會有這麼多的東西。那些根本用不到的呆滯庫存，帳面上看來是資產，其實通通成為損失。企業好不容易一點一滴累積的利潤，不知不覺中流失殆盡。

## 系統資訊僅供參考，我說了才算數

企業所建構的資訊系統大都有「物料需求計畫」（簡稱ＭＲＰ）的設置，這個系統會定期的依號訂單、庫存的狀況和物料的採購特性，規劃出最適宜的採購物品、時間、數量和金額。這種類似於人工智慧的資訊系統，企求它提供正確又恰當的採購資訊，除了基礎資訊得維護的非常正確外，還得將各種可能狀況的處理方式和彈性應變的考量，都事先建置在系統的軟體中，否則得到的資訊僅供參考而已。因此採購人員的判斷依然是各種物料採購的最主要的依據。

生產線只要斷炊，絕大部分源自於缺料，這個時候採購人員成為眾矢之的，一定被叮得滿頭包，有苦說不出。聰明的採購人員經歷這種慘痛的經驗，想到的最好法子就是提早購買和多買一些以防不測。反正MRP提供的資訊一向不怎麼準確，於是採購時機和採購數量由採購人員說了算，庫存量逐步的增加是意料中事。

# 已經夠便宜了還要再便宜，精明反而成傻瓜

商人都清楚將本求利是他的天職，當購買數量沒有增加，但價格被迫下降時，只消降低材料或物品的等級，外形不變，內在調整，依然可以在低價中求利。世界知名的汽車品牌，運用集體採購的數量優勢，要求零件供應商大幅降價節省成本的結果，就是在使用一段時間後，從頻頻的事故中發現品質有問題，因而發出大量免費召修的通知，所造成的整體損失，絕非零件成本下降的金額可比。有些材料或零件的品質低劣，不會帶來人身安全的疑慮，卻足以摧毀客戶對品牌的信賴，一樣得不償失。

用多少買多少，需要的時候才買，品質優先，價格次之，加上只做自己

能力範圍內的事，企業不會因為這些堅持而出狀況。反其道而行，白忙一場的結果倒是隨處可見。

# 凡事照步做少取巧，事情變簡單

買東西的時候，只要看到製造地是德國，沒有人會擔心它的品質，耐用不易壞似乎是全世界對德國製品的刻板印象，縱使價錢貴一些也認為理所當然。造就德國製品堅固耐用印象的原因，似乎和德國人的行事風格有關，總覺得他們做任何事情都一板一眼，絲毫不馬虎。不走捷徑不取巧，一時看來比較慢比較沒效率，可是換得不會出差錯的結果，卻能保持得長長久久。

日本製的產品也獲得全球的青睞。日本人的龜毛性格同樣舉世皆知，他們對細節的講究總是讓合作夥伴印象深刻。德國人的一板一眼和日本人的一絲不苟，其實是相同的東西，結果都讓人信賴。

要讓一群人做出來的東西，不論時間前後結果都一致，有兩個基本元素不能缺少。首先得明確的告訴或教會這些人該怎麼做，再者是做同一件事的人得有相同的本事。

如果放任每一個做事的人各憑著自由意識和能力任意的發揮，宛如創作一般，結果各不相同為意料中事。在要求產品得如模子刻印般大量生產的工廠而言，這樣的做事模式當然不適合。那些可上線生產的產品，事先得有人把正確的程序和方法都設想好，並花時間教會所有的工作人員，讓他們都具備相同的做法和效率才行。

道理看來很簡單，可是很多工廠卻無法落實。準備時間不足、準備不夠充分、客戶頻頻要求提前交貨、工作人員流動率太高更迭頻繁，還沒有成熟的東西匆匆的上線，由許多不熟悉工作方法和技巧的工作人員做出來的東西，結果當然不言而喻，應該被小心呵護的消費者反而成為產品的試用和受害者。非耐久的便宜東西，消費者買到品質欠佳的大部分自認倒楣，耐久財則可能為企業引來一成串的麻煩。

從事前準備的周到程度和工作人員上手的落實度，再觀察人員的流動狀態，不用看品質統計數據和層疊的問題分析，結果幾乎已躍紙而出。

# 花大錢買超多功能的設備，自找麻煩

在這個變化多端、目不暇給的世代，廠商所推出產品的功能越來越多、也越複雜，年輕人被好奇心驅使花費大量寶貴的時間把玩甚至沉迷，對上了年紀或者跟不上時代進步的人來說，要用這些所謂酷炫的東西，有些時候簡直就是折磨，反而覺得不如以前的簡單設計來得順手。產品擁有複雜的功能意味著消費者得因此付出較多的錢，對生產廠商而言則是製造成本的增加，這些功能是錢堆積的結果。

多功能對購買者而言有致命的吸引力，縱使上了年紀的人不太習慣它的使用方法，但買東西的時候仍免不了被炫麗的各種功能所誘惑而優先考量。

廠商當然知道它的魅力而投其所好，競相推出集各種功能於一身的產品大發利市。消費者花了大把的鈔票，在日常生活中大部分功能真正使用到的機會和頻率屈指可數，幾個基本功能足敷所需，其他功能在新鮮感褪卻後統統束諸高閣，許多的錢其實是白花了。

成立一家工廠設立一條新的生產線，買機械和設備的金額通常是最大的投資。這些投資的金額得分好幾年，透過它所製造的每一個產品的售價，從客戶那兒收回來。如果投資金額高，不是每一個產品的分攤成本被墊高，就是回收的時間得拉長。

生產量如果能提高，那麼每一個產品分攤機械設備的費用就可以少一些，成本低一些，產品的競爭力就提高一點。所以很多企業花了大筆的銀子買昂貴的機械與設備，得二十四小時全天候生產才划算，這些三百六十五天不能停工的工廠，主其事的管理者的生活可真是苦不堪言。景氣好的時候，市場供不應求，生產機械和設備就像印鈔機一般，錢財隨轟隆隆的機械聲滾滾而來，投資者個個荷包滿滿，經營者再辛苦也值得。可是近年來景氣低迷的時期似乎超過景氣好的時候，為了維持低迷時期基本的開銷，說穿了就是得讓機械設備的投資金額如月按年的正常收回，好用來償還銀行的貸款才行。除了殺價搶訂單外別無二法，有時候連之前賺到的錢通通吐出來，還不足以應付困局，讓那些外表看似光鮮亮麗不可一世的企業經營者騎虎難下，直到終老為止。

功能越多價格越高的機械或設備確實是好東西，但經常不是適當的投資決策。許多的功能偶爾用到或束諸高閣，成為投資浪費；或因為過分的集中作業和缺乏替代性，有可能成為生產瓶頸而無解。當生產線欠缺調整彈性時，企業比較容易陷入父子騎驢、上下皆為難的境地，人員變動的僵固性使情況雪上加霜更加難為。

在景氣變動轉趨震盪、可測度降低的年代，生產工廠如果能保持最大彈性的應對力和利潤保持力，比不斷擴張的產能和市佔率所形塑的虛胖外表更讓人期待。

# 省了工錢賠了穩定，划算嗎？

將本求利，這四個字的意思大家都懂，做生意的人尤精於此道。因為鎮日在斤斤計較中打滾，有些人不是很喜歡和生意人做朋友，總覺得生意人的任何行為都隱含著想從交往中獲得什麼好處的心機。少了真誠和無償的付出，友誼容易變調。

成本少一些，利潤就會多一些。大量生產的工廠對成本的敏銳度很高，對成本控制絕對不手軟。單一件產品的成本如果少一塊錢，在巨量的放大後，節省的總金額就很嚇人，它們將全數落入投資者的口袋；如果多了一塊錢，意味著投資者的荷包將大幅縮水，一正一負間，叫管理者怎能不計較。

生產工廠計算產品的成本，通常從三個區塊著手。首先是材料費用，再次是人工費用，另外則是各種相關製造費用的分攤。材料費用的節省對成本的降低非常直接，人工費用也一樣。如果做相同的事情，另一個人的薪水少一千元，老闆就可以少支付一千元。所以需要大量人工的製造工廠，有如游牧民族逐水草而居，每隔幾年就可能移轉生產基地到人工比較便宜的地方，主因通常是為了節省人工成本。

生意人除了思考區域薪資水平的平均差異外，還動個人薪資差異的腦筋，希望進一步加大人工成本節省的幅度。於是壓低個人的薪資，再提高這些員工的工作時數，此舉還可以獲得減少其他開銷的附帶效益，譬如以人頭計算的保險、福利等等，可以因此少付一些。很多生產工廠都這麼幹，生產工人薪資低、工作時間長、以不斷的流血流汗來為投資者聚集財富，血汗工廠之名不脛而走。

工廠採用這樣的策略時，通常都忽略了一個如影隨形的重要變數。當工作人員表面上接受較低的待遇卻得付出較長的工作時間時，他們的內心無時無刻不在等待另一個較好的工作機會，隨時準備跳槽他就。提供這種工作條件的生產工廠人員的流動率高得嚇人，足以證實這個普遍存在的現象。單月的人員流動率是百分之十，這個數字表面上看起來似乎不高，但是以一年為計算基礎的全年人員流動率則高達百分之一百二十，它意味著，一年內工廠的工作人員還不止全部更新一遍。

新來的人到一個新的工作地點對所有的事都不熟悉，工作效率自然有一段時間不及完全熟悉後的水準。學習技巧需要較資深同仁的教導，來來往往不斷的新人貼身教育，多少也拖累了他們的正常產出，企業還得騰出一些人專門教導這些新人應有的基本知識和要求規範。因為這些人的離開通常不會事先預告，另一批新來的人還沒來得及養成就得匆忙上線，在錯誤中學習所生產出來的東西，如果期望保有一定的水準就很奇怪了。

這些現象所造成的損失，有一部份馬上看得到，譬如：效率欠佳、品質水準稍差。有一部分則在產品賣給客戶到了消費者手中才陸陸續續爆發出來，譬如，更換貨品、金錢補償、大量的售後服務。這些費用通常不計入生產成本，而是由其他的管理與銷售費用來支應。

那些在前端看得到的斤斤計較節省的成本，在生產過程中和後端靜悄悄不斷的流出，看似聰明的用人策略其實稱不上智慧。

流動的薪資、流動的人才。比較高的薪資，可以找到比較好的人才。人員穩定了，工作效率則能期待，那些可以避免的損失和沒有生產力的活動將可以減少。多餘的組織不再存在，企業進入正向良好的循環，經營漸入佳境。類似情境的塑造全繫於經營者一念之間。從薪工政策和工作人員流動率的高低，斷言工廠管理的好壞和預測它存在的問題，正確性八九不離十，一點不讓人訝異。

# 把混亂和秩序攪和在一起，結果不會是秩序

一截隨河水飄流的斷木，在高低起伏的河道，被河底的石頭或不明的異物擋了一下，就那麼碰巧的斜插在河床上。河流裡有許多漂浮的小草、河藻，原本隨著穩定的河流恣意的流著，碰到橫亙在流道上的斷木，有些被纏住就留了下來，這些被纏住的水草可能不經意的攔住一些浮枝、擋住一些流砂。當擋住的東西愈來愈多時，流砂也愈積愈多時，河中的砂丘逐漸形成，原本平靜的小河開始有了變化。河道因為淤積的小砂丘而縮小，使得被分開的水流速度加快，加速的水流沖擊兩岸，日積月累的結果河道變寬。砂丘留下豐富的腐植物成為水生植物生長的溫床，吸引吱吱喳喳的水鳥來覓食，這

一帶開始熱鬧起來。原本平靜的小河變得生態盎然。

河中的砂丘、河岸邊的淤積地和沙漠中的沙洲，都是因為一些小阻攔而逐漸成形，小小的改變了地形，經過長期的累積和擴張，最終變化之大有可能超乎想像。

生產工廠最希望的就是能夠長期穩定的生產一些固定的產品，駕輕就熟的結果是工作人員流動率低，品質因而異常的穩定，有如平坦開闊沒有阻礙的河道，水流平穩無波。管理者只要按部就班的維持運作就功德圓滿，不會忙得焦頭爛額、身心俱疲，好像拿生命來換取財富。

但是企業如果不能定期的推出一些新產品，原有的市場很快就會被野心勃勃的競爭者給蠶食掉，工廠期望穩定的好日子勢必難以為繼。新產品在研發階段免不了得經過嘗試錯誤的試製階段，從無到有是既費事又耗時的工作，如果借用現有量產生產線的人力來執行，這種不確定又往往復復的麻煩事所帶來的干擾，仿如在流暢的河道中突然插入一截斷木，或少或多對水流產生影響，有時甚至難以估量其後果。

表面上看來新產品試製和大量生產，反正都是製造東西，是相同的事，一併處理和管理似乎也言之成理，但是許多小干擾所導致擴散效應的綜合結果，常使原本極為穩定的生產流程陣腳大亂，為求便利反得其亂，得不償失。將試製必然的混亂無常和大量生產必須的規律正常完全的區隔，同時排除了試製與量產孰先孰後、爭搶資源的紛擾，兩者都可以在毫無干擾的環境下，致力於當為之事，誰還會在乎設立新產品試製專門線所增加的資源呢？

如果有人說混合試製和大量生產的生產線可以調配得互不干擾、不影響產出，確實難以置信。流道中不時夾雜著漂流物和雜物，沒有人會認為它的流量會長久的維持順暢。

# 誰最懂就誰來做，誰能包山包海？

台灣的視聽媒體圈有一個全世界獨有的特別現象，鎮日都可以看到某些特定人士對社會上發生的所有事件煞有其事的侃侃而談。這些被戲稱為名嘴的人彷如上知天文、下通地理，前瞭古人後曉未來。在事情不甚瞭解時，妄加評論惹出許多非議，平白無故吹皺了一池春水，成事不足敗事絕對有餘。很多人也不免懷疑，難道肩負管理眾人之事的政府，一句不干涉輿論就可以無作為嗎？

很多優秀的青年負笈西方求學，數年後頭頂博士名銜榮歸故里，乍聽博士之名，似乎意味著他萬事皆懂，確實能震懾住一堆搞不清實情的百姓。其實他們的學識僅專精在一個非常小的領域，也因為如此才可能有突破性的創新和發現而造福人群。「專士」可能更名符其實。

以現今社會多元蓬勃的發展速度，知識日益廣袤浩瀚，分工細緻為自然之趨勢，當無人可以全包時，各有專精相互為用是理所當然。

如果把企業視為一個具體而微的社會並不為過。一個創新的思維轉化為有利可圖商業化的實品，是各種知識和技巧的結合，當研發人員絞盡腦汁的做出商品的原形，再用盡吃奶力氣將它推入大量生產的階段，生產工廠接手後的主要工作，除了指揮一大群工作人員依樣畫葫蘆的生產外，還肩負著未來持續提高生產效率和降低成本的重責大任，如果量產的產品不能達到這樣的要求，很快就被競爭者取代、被市場淘汰。

開發新產品是研發單位的事，那麼持續提高生產效率和降低目標成本自然是生產單位的事了。生產過程中遭遇問題得被迫即刻想法解決，這樣的情境使生產單位成為生產技術精進的溫床，它是實務經驗原汁原味累積的結果，不是研發人員憑空構思可以藉由邏輯推理的慣用工作模式而得到的。各有專精分工合作，成就了進步與和諧。

很多工廠未知其理，把這樣的工作讓原創者也就是研發單位來執行，因為缺乏全天候浸漬在生產工廠的體驗，提出的方案自然不易切合實際而屢生爭端。此無異於名嘴包山包海的行徑，治絲益棼正是殷鑑。企業團隊內各分工單位職責的劃分，很多企業的經營管理者隨興之所致任意的更動，把事情搞擰了，還不知原因何在。

# 適性的分工無間的合作，做足準備一切順利

經常看電視影集的人如果稍加留意，會發現每隔一段時間，醫院和醫生的故事就會以另一種風貌呈現在觀眾眼前，劇情總是緊湊又溫馨。這些連續的劇集賺人熱淚，也贏得許多的獎項，演員和製作人都名利雙收。解決別人病痛與救人的戲碼，和纏綿的愛情故事一樣，它和我們日常生活的情境特別貼切，非常容易打動人心。

短短幾分鐘急救或動手術的過程，尤其扣人心弦。負責操刀的外科醫生，熟練的使用已經按照手術動作的先後順序所排列好的器具，在旁協助的護士一樣一樣準確無誤的交到醫師手中，再從他手中陸續的接回。主刀的醫

師在手術過程中幾乎不離開手術檯一步，分秒必爭全神貫注，有時得持續數小時之久，時間的掌握經常是主宰手術成功的關鍵因素，因此醫生需要用到的工具和材料必須樣樣就手，完全不容有任何耽擱的機會。同一時間，其他協助的人一個也沒閒著，有人隨時監測著病人的各種生命跡象，立即提示注意，有些人則忙不迭的做好下一步的準備。

我們從電視上看到的就是這麼的按部就班、有秩序、沒有停格的團隊合作，充滿戲劇的張力，實際狀況也是如此。因為一條待救而脆弱的生命，容不得閃失和等待。

同樣的按部就班，準備就緒，也被充分的運用在ＤＩＹ的組合傢俱，在自己動手做業界有巨人之稱的瑞典ＩＫＥＡ，他們所推出的產品任何人只要按照ＩＫＥＡ圖示的先後步驟和應該注意的指示，不旋踵間即能組裝成一個有門有抽屜有照明的櫃子，多花點時間還可以完成整個房間的全部設置。為了讓生手能立即上手不用傷腦筋，所有的零件、配件、小五金全部標示號碼，按序分別包裝一目了然，絕對不會因混裝而遍尋不著或漏掉一個動作、一個小零件，使組裝完成的櫃子變了樣或裝不成。事先周到的準備，可以使一件複雜的事變得簡單，工作也變得有效率。

生產工廠成千上百的工作人員，如果在工作的時候才開始準備材料、清點零件，還得為料件不足而傷腦筋。這些獨立的行為和往來穿梭所耗費的時間，不僅折損生產效率，也影響工作人員的心情和產出的品質。所以很多工廠設置一些人專門替這一大群的工作人員事先按照工作順序，準備好所有需要用到的材料、零件，甚至是工具、雜物等等，就安放在工作場所的旁邊，好讓他們在一天開始的時候，立刻上工、馬上有產出。

這些負責準備的工作人員，將必然發生的混亂控制在事發之前和限制在小區域內，使廣大的工作區域維持一貫的順暢。少數人以看不到的辛勤付出，換得生產工廠運作的穩定。

當工作人員的本份被過度的延伸和要求時，有許多人就是達不到期望的標準，反而增添了管理的困擾。適度切割工作職掌，部分的工作轉由專人代勞，在人數夠多的生產工廠經常被考慮，而得到大幅提升工作效率的結果。

適性的分工無間的合作，成就了好結果。

# 研究發展

# 資訊不足，自以為是，許多的地攤貨就是這樣來的

走進任何一家商店，很難不被迎面而來琳瑯滿目的陳列品吸引，而不掏腰包的個人定力在這個時候受到很大的考驗。只要是顏色艷麗五彩繽紛的東西，小孩童就愛不釋手，接下來就是父母親傷腦筋的時候；年輕人對購買卡哇伊、時尚流行、有話題的商品毫不手軟，錢不當錢用。因此不論少男少女總是在小小的私人空間內，堆滿了各式各樣的小玩意兒和流行的東西，連自己日常的生活空間都被限縮在房間的一隅，還自得其樂不改其行。

有了家庭的負擔後，買東西開始比較懂得計較了。雖然偶爾也趕時髦買

些流行卻不見得有多少用的物品，但是大部分的時候主要還是買那些生活必需品。他們都有心目中認定的品牌和習慣使用的東西，其他的不太會引起他們的注意，除非被超低的價格和附贈品所吸引。廠商看準了這一點，因此促銷價格日日可見，月月有驚喜。以犧牲短期的利潤，來轉移消費者的品牌忠誠，換取長期消費的好處，行銷高手們個個深諳此道。

對那些事業稍有成就，手頭比較寬裕、身體也發福的中壯年人來說，家中或個人該有的東西都有了，隨便亂花也都花過了，精緻而昂貴的東西在這個時候比較能撩起他們的購買慾。炫耀的虛榮多少可以彌補一些再也得不到的失落和期望。

如果看到實用而就手的物品特別有興趣，購買保健食品不計較價格，那麼一定是個能自由行動手邊寬鬆的幸福老人。

一項產品不論它的色彩是否豔麗、是否跟上流行的勢頭、價格是否便宜、東西是否精緻，如果它的特性恰恰好適合需要它的人，東西很快就能銷售出去。倘若銷售方式得法，還有可能成為暢銷商品，為企業賺進可觀的利潤。這樣的產品可不能在開發完成後才經市場測試而得知。都市中商店租金和各項開支龐大，一件上架展示的商品如果銷售的速度緩慢，店家就賺不到錢。所以這些精明的店家，只會留下賣得好的商品，而淘汰賣不好的。商品如果很快的從貨架上被剔除，意味著這項新產品開發所耗用的經費付諸流水，多出來的庫存品只能以低於成本的價格出清，成為論斤兩賣的廉價貨。這些損失通通得由企業其他好銷商品所賺到的錢來支應，如果幾樣新產品連續的失利，可能使企業的經營驟然陷入困頓，甚至被拖垮。

企業開發新產品如採用這種類似碰運氣、自以為是、先開發再說的做法，風險實在太高，應該不多見才是。但是從商品在店家櫃架上的高更迭速度，顯示出很多企業確實如此，辛苦的獲利就這麼給浪費了。

歲末年初，企業在這個時節照例都會回顧過去、展望未來。如何繼續維持營運和拓展未來，是經營管理者在這個時候必須確定的兩大主軸。有新的產品推出或新營運模式的建立，未來才可能不同，所以新產品的開發計畫這時就已經有譜了。

如果做計畫的人沒有看到完整詳細的市場資料，缺乏嚴謹細緻的分析，那麼對市場趨勢的展望就可能因為所見有限而偏頗。企業對應於市場變化和未來需要的新產品開發計畫，如因此並且是在主事者自以為是的想法下確立，未來展望目標的達成，因立論基礎不足自然得打折扣。市面上許許多多才上架旋即下架淪為地攤貨的新產品，肇因於此的不在少數。

個人所見有限加上敏感度有別，所得到的結論通常未必是整件事情的全貌。費點心思將各種資訊拼湊在一起描繪出全部的輪廓，在做未來預測和規劃時特別有必要。如這些準備執行得不夠徹底，洋洋灑灑的新產品開發計畫有可能方向走偏，對象搞錯，並帶來大小不一的災難。

# 依樣畫葫蘆，產品開發可以快許多

「每一個字的字型都不相同」是中國的象形文字和西方羅馬拼音文字的最大差異所在。學習羅馬拼音的文字，認得二十來個字母後，其他的時間主要花在努力記憶由這些字母隨意拼湊出來的單字和代表的意義，只要記得字母的排列順序，單字書寫就不是問題。

書寫象形文字對習於羅馬拼音文字的人來說是相當困難的事。雖然象形文字也是由許多可以拆解的筆畫所組成，可從來沒聽說有初學者以記憶筆畫的組成來學它。臨摹，也就是依樣畫葫蘆，是學習象形文字的基本方法。

小學生學國語文的時候，同一個字每天臨摹寫數十遍是最主要的家庭作業，所有的應用文字因此日積月累的寫入個人記憶中，一輩子難忘。模擬不僅用在學習象形文字，學繪畫也是從臨摹開始。依樣畫葫蘆久了，慢慢習得繪畫的技法而得其形，但欲得名畫的神韻，努力可能是次要的因素，主要還在天份。

科技技術的進步和無國界的激烈競爭，推升了新產品開發的速度。大家都在搶快的時候，研發人員的角色日益吃重、壓力日增。在年輕優秀的工程師紛紛投入這個未來被極度看好的領域時，要讓這些學有專精，但是經驗並不豐富的人員，在獨立作業之餘，還可以發揮整體的效益，就必須採用恰如其分的工作方式和步驟。

新產品開發的工作方式和步驟，隨著開發內容的變化而異，研發人員的個人認知和習慣擴增了它的複雜度，在這種情形下，管理者想要精確的控制研發的進程和時間，可能無以為力。差異其實有它基本的構成元素，只因隨人所興任意擷取變換次序而呈現出不同的風貌，就好像羅馬拼音的文字千變萬化，但基本的字母也不過二十來個。

找到新產品開發工作方式和步驟的這些基本元素，對精於分析和邏輯推理的工程師而言易如反掌，從過往的諸多案例中很快可以歸納出作業的類型。類型的模樣好比是某個象形文字，由某些基本元素和順序所組成。這些年輕而優秀的工程師只要具備認知辨識的能力，選定類型依樣畫葫蘆，結果也就八九不離十。

這些類型很像木工製作傢俱、布料裁切製作成衣的樣板，研發人員稍微修飾調整就成了一個新樣子，但依然保有它原來的精神。少掉自己揣摩摸索嘗試錯誤的時間，不僅研發工程師的工作壓力可以獲得部分的紓解，新產品開發的時間也因回歸正常而適度的縮短。對於一個得因應市場競爭而快速反應的研發團隊而言，如果欠缺了分解、組合、樣板、微調等作為，很難想像怎麼去管理這一批學有專精、各有己見、不是很會協調的聰明人。

# 厲害的工程師，懂得利用最少的錢達到相同的功能

市面上具備獨創性的產品並不常見，絕大部分商品的差異性不大，廠商就某一部份做了些微的更動，掛上自有品牌的標誌，加上美麗的辭藻強調那些不是特點的特點，披著華麗的包裝商品就上市了。這樣的商品因為同質性太高，為了搶客戶而殺聲震天，價格和時間經常是影響銷量和獲利的關鍵因素，誰能夠壓低成本又能及時趕上時間的風潮，獲利則在其中。雖然沒有獨創性商品的暴利，但藉以維持一個像樣的企業規模倒也不成問題。

說到商品成本的控制，大部分人腦中浮現都是製造的成本，因數量產生

的擴大效果以致金額龐大容易被看到，任何人都不會忽視它的存在和重要性，盡其所能的在各面向力求節省，甚至達到苛求的地步。

節約總是從看得到的地方著手，沒有例外。其實很多的浪費而且可能是鉅額的費用因為隱藏的好而被忽略。新產品設計功力的高低正是其中的顯例。有商業頭腦稱得上厲害的設計人員，會儘可能選用市面上現成的零件，達到和特別訂製品的相同功能；或將某些零件的規格一致化互相通用，組裝人員可以節省時間，採購人員也不會忙翻並搞得庫存量大增；厲害一點的研發人員還能將複雜的設計簡化、體積縮小、重量減輕，但功能不變或更高，因此而省下的成本有時極為可觀，使降價空間大增令競爭對手瞠目結舌。許多商品售價只有市價的一半就是這樣來的。

如果一家企業的研發單位不太在乎零件規格的一致和共用性，市面上可以選用的東西不知多加運用，卻指定了特有的規格，這樣的研發體制可能存在相當的改善空間。

# 再難的事切分後，都會變得容易處理，知識的累積也一樣

不知道誰說現在是知識經濟的時代，突然間知識這件事被大家掛在嘴邊，時而言之，其實知識從來就是財富和權力的基礎。封建時代以科舉求才，考的是經世治國知識，成為尋常百姓晉升權貴之捷徑；現代社會對知識份子和擁有高學歷的人，依然存有一份無名的尊重並刮目相看，他們因此擁有更多的好機會，都是得利於一般大眾對知識的崇敬。知識如果能透過一定的格式有效的傳遞給另一個人，接受的人則可以省去親身摸索的時間，有更多的餘裕將之發揚光大。學校教育充分的做到這點，整體社會的進步因此可

被期待。站在前人的肩膀上可以看得更遠，知識傳承就有這樣的功能。

研究發展基本上是在做從現有的基礎上另創新局的事，經過無數次的嘗試和失敗，歷盡挫折才找到對的或恰當的方法，是研發人員共同的記憶。這些失敗的精力、思考邏輯和得到的正確答案，如果能忠實而有系統的紀錄和整理成文檔資料，下一個做相同或類似事情的人，如能不費事快速的找到這些資訊，前人花很長時間累積的寶貴經驗和成果，則可為後者之師。

大部分的人對做事懷抱無比的熱誠，對記錄和整理則敬謝不敏。新產品開發的時間壓力，迫使工程師們沒日沒夜的追趕進度，長期的身心俱疲，開發完成後耗時費事而且無關現實的資料總整理，自然退居次位，甚至被忘記。寶貴的經驗如在事過境遷或人員異動後而遺失，絕非企業之福。

如將研發過程中資料記錄和知識的及時整理，視為研發各個程序、工作內容的一部份，那麼一個小時段小量資訊的整理，比起事後總檢討大量資訊的回顧容易的多。當不知如何著手的憂慮切割成小段落碎片，資訊整理的困難度大幅降低，在研發專案結束記憶猶新時，工程師們只需將各程序已準備好就手的零碎知識併在一塊，拼湊成一幅完整的知識地圖易如反掌。

作業內容和次序稍加改變，善加運用文件蒐集機制，看似虛無難以捉摸的腦中智慧，也可能被具體而系統化的呈現、再使用，有時候企業費盡九牛二虎之力，想要贏過對手，知識的有效累積和運用可能是其中的關鍵因素呢！

# 集思廣益懂得權變，兼顧的事做得到

不知道從何時開始，同樣的東西開始有一代、二代、三代的差別。光從代數的號碼就知道代別數越大東西應該是越新、越好。印象中日本商人是始作俑者，日本製產品推陳出新的快速，是攻城掠地的利器，美國遠落其後。

美國生產的耐用性家用商品，外型和功能數年不變，新舊難分；雖然好用仍難敵推陳出新商品以新增功能和酷炫外觀的不斷侵襲，逐漸讓出長時間盤據的國內市場。當外來的商品以新穎的設計搶攻市場得到佳績，很快的吸引各國的商人競相模仿而成為風潮。那些酷愛新奇、追求時尚感流行的年輕族群，禁不起五花八門各式產品的誘惑，有限的收入就這麼輕易的進入別人的口袋裡。

一樣新產品的推出，動用企業的資源數量超乎想像，經常是企業總動員才趕得上瞬間即逝的商機。雖然投入的資源可觀，第一次設計和生產的商品卻未必完全符合消費者和市場的需求，東西的品質也未必臻於完美，製作的方法更可能存在許多改善的空間。

為了回應實況，只要這些項目裡面有些許的變動，變得更符合客戶或市場的需求、品質更好、成本更少或生產起來更順利，產品就可能由這一代轉換為下一代。這些改變有些來自市場行銷人員對市場反應的敏銳嗅覺，從客戶的反應歸納分析數據，生產人員製造過程中的有感而發和客戶對購買價格殘酷的砍價論戰中感受到。

如果沒有來自四面八方的訊息和要求，光靠原設計團隊的閉門構思，顯然不容易符合現實的狀況。畢竟大家都認同三個臭皮匠勝過一個諸葛亮的說法。鼓勵所有的人提出看法以補設計團隊不足的制度，在企業裡頭也稱為提案制度，很多企業都有類似的制度設計，但成果卻不盡相同。

當企業願意大方的提供充分的獎勵，不再視改善建議為份內應為之事，激發參與者的熱情方能如願成真。參與者愈多，產品進步的幅度就愈看得到，這個時候產品的研發，不再囿限在團隊的小圈圈內，集思廣益的結果自然大不同。

任何的調整，不及，受人詬病；過頭，也經常會帶來災難。節制的機制可以讓有權力決定這麼做的人，不至於因個人之好惡和偏見使整個事情失控。但是為了節制而慣用的冗長、繁雜的審查程序，常導致效率喪失的負作用和處理成本的提高，適當的權變似乎是二者兼顧的好方法。

產品的改變在研發領域中常稱為設計變更，它既需要有節制機制，以免浮濫失焦，也不能脫離效率和成本的兩大束縛。一套設計便更的制式程序很難同時兼顧所有的情境需求，顧此則可能失彼。因此企業也常參考國際機場普遍使用的入境旅客通關做法，分為快速通關與需要申報的兩條通道，讓簡單的設計變更通過快捷的審查程序以爭取時效，而有重大影響的設計變更則得經過審慎的程序把關，以免失控。

彈性在制度嚴謹的企業經常被忽略，以致降低應變力；但在鬆散的企業卻又被過度的使用而帶來惡果。

## 成本效益仔細算一算，研究發展不會成為錢坑

為避免觸法受罰傷及荷包或受眾人指摘無地自容，人們不得不遵守已明定和公認的法規與社會道德規範，其實隨性而為才是大部分人日常行為的寫照。一般的人並不是很在意他的任何行為能獲得或損失什麼，因為獲得、損失和投入之間的比較關係，很難從單一面向給予評價，塞翁失馬焉知非福，不是嗎？於是只要自己覺得快樂或自我感覺良好，成為現代人要做或不做一件事的判斷標準，也蔚為社會的風氣。

這種在日常生活中的個人態度和認知，如果被延伸運用在企業內，和企

業將本求利的概念則完全不搭。企業內的任何行為如果不能為企業帶來獲利的契機和效果，這些行為基本上是不應存在的，不論是一般員工或管理者都應避免和自我節制。

大部分的小型企業為什麼不願投注資源在研究發展上，除了受到資源不足的限制外，他們還有一個更大的顧慮，就是沒辦法確定投入研發的資源何時可回收？可回收的數量又是多少？而投入的大量人力在研究發展的企業，知道自我研發產品可以帶來龐大的收益，也確實嚐到獲益的果實，但這些企業不見得將獲益量化分析這件事細化至每一件研發的案件上。在這樣的情況下，許多可以不做的，可以另外一種形式獲得的，可以不再重蹈覆轍的研發案件，容易混雜在成功的案件中，平白無故的佔用了企業寶貴的研發資源，同時啃蝕掉部分研發的果實。

企業通常都很在意製造成本的控制，因此製造成本的統計就很精確，但對研發成本的計算和費用歸屬比較大而化之，細分至研發個案獨立計算和分析其成本獲益付諸闕如。如果沿用製造成本的統計模式，研發團隊各參與人員的工時同樣可以依專案程序詳細的紀錄和分配，主管的分攤工時和間接單位的分攤費用也不難算出，使用的材料和設備分攤費用計算原本就可以很明確，那麼各個研發專案的耗用成本已然呈現。

有了明確的研發專案成本，進而分析對應的銷售獲益、損失和比較實際結果和事先預估值的差異，則易如反掌，得失昭然若揭。前事可為後事之師，對管理者促進管理效能有莫大的助益。

# 研發作業電腦化是趨勢，擋不住

資訊傳播的快速和獲取的便利，無疑是近代科技突發猛進的幫手。一台筆記型電腦或智慧型手機在手，各種資訊手到擒來，天涯海角若彼鄰。數十年前恐怕沒有人會認為此情此景可在有生之年看到，然而現在不懂得運用這些工具的人彷如異類，有時還會覺得寸步難行呢！

處理資訊的電腦已被大量的運用來協助企業的管理和提昇作業的效率，不論銷售、製造、成本計算、帳戶處理或人力資源管理幾乎全都用上，像研發這種走在企業先端的事務，自然也脫離不了運用資訊系統。舉凡專案的樣板模式、處理過程中的時間管理、資料的紀錄、分析和成本計算，以及研發知識的累積、蒐集和產品的設計，有對應資訊工具的協助，必然帶來許多的便利。

仍然依賴人工作業處理這些繁雜的事務，在現今的商業環境，要和競爭者拼個高下將倍增困難。

# 管理

## 人多好辦事，間接人員多了，企業的口袋就淺了

人多好辦事。中國大陸地廣人多，相對的天然災害發生的總量也多。大型的天災迅速掩至救災恐急，經常可以在電視的新聞轉播畫面上看到地方政府動員成千上萬的人力，合心齊力的堆砂包、掘壕溝、清淤積或以人龍傳遞救災物資，場景既壯觀又感人。官方以大規模的動員告訴百姓，有政府在民眾可以安心。當平常我們倚為左右手的動力機械來不及趕赴現場的時候，眾多的人力反倒快速派上用場，取代了部份不足的設備，發揮立刻救急的效率。

這些可以派上用場的青壯年，運用他們的好體力盡力救災，各個對這個團體都有一份直接的貢獻，聚少而成多。如果企業內的每一位員工也和這些

青壯年對救災的努力一樣，所有的付出都對企業目標的達成盡他們最直接的心力，累積的直接效果將極為驚人。

企業營運的主要目標是藉由生產產品、銷售商品而獲利，任何員工的工作內容和行為如果和商品的產出或銷售有直接的關聯，明顯的能替企業帶來直接的貢獻，這樣的人數當然愈多愈好。

企業為了讓這些能得到直接貢獻的工作人員工作順利，還必須有其他的人來幫他們的忙。幫他們準備好相關的設備、工具、材料，處理一些雜碎的事務、文書、帳務等等，並且還得有人來管理這些人，以免人多失序喪失效率。這些協助的人對商品的產出或銷售沒有直接的關係，所以不容易看出他們的貢獻到底是多少，也就是說不易將貢獻量化，因此這些人到底需要多少數量就難有個準。既可多也可少，如果太多則可能食指浩繁吃掉獲利；如果太少，則可能影響直接工作人員工作的順暢和效率，但是卻又很難評估它的直接影響。因為深知人多好辦事的簡單道理，為了事情進展的順利，這些協助的人只會多不會少。愈大型、年代愈久遠的企業尤其如此。那些不需計較產出和效率的政府機構，一大堆的冗員就在這種概念下產生。為了讓這些人有事可做，作業程序因此設計得更繁複而擾人，讓洽公的民眾怨聲連連卻無可奈何。很多企業也學會這套作法，在企業內建置起複雜的作業程序和對應的組織結構。層層節制讓那些無權無勢的工作人員處處掣肘，幾近抓狂，企業得到的回報則是利潤的流失。

因為工作的產出可以量化，所以幾乎沒有人會擔心直接工作的人數是否過多的問題。

如果一位協助的人員，通常也稱為間接人員，可以提供服務給多一些數目的直接工作人員，只要比競爭對手的水準多一些，這家企業在協助人員人數的控制上則較佳，意味著做事比較有效率。因此一位協助人員平均可服務直接工作人員的人數多寡常拿來做為比較的數據，如果增多了是進步，如果減少了則可能在某些做事的方法上存在改善的空間。

# 因事設人，找到對的人一點都不難

平均來說，男人的身材比女人高大，力氣也大，因此由一夫一妻組成的家庭裡頭，只要是粗重的活大都由男人扛下來。全家逛街購物，提東西成為男人義不容辭的專屬工作。女性先天的輕巧、心思細膩，針線類的細活輪不到被嫌笨手笨腳的男人來做。這些事很像是女人天生該幹的事。各有所司，互補共利，彼此不可或缺，家庭和樂融融。

前後左右看看家裡的大小事，總共也不過夫妻兩個人可分著做，工作內容不論怎麼切分都不成問題，頂多鬥個嘴互相調侃一番也就罷了。企業裡頭的工作，因為處理量大，複雜度高，如何精確的細分工作，讓所有在各不同區塊任事的人都能發揮所長，達到工作要求的水準，就不是一件容易的事。

因事而設人，大家耳熟能詳，理所當然。標準作業程序為工作細分給不同人分別處理的基礎，完備的標準作業程序自然不可或缺。隨著各項工作程序的工作內容，依照工作的類似屬性，切分給不同的人來做，再賦予他們辨識用的職銜，不同職銜的工作內容輕易就可確定。

但是很多企業並不這麼做，有權力分配工作的人總是環顧四周先看誰有能力，新的工作就在自由心證下塞給了他。被賦予額外工作的人覺得受到主管的重視通常也難以婉拒，原本還流暢的作業程序因此產生曲折，日積月累這些曲曲折折的作業程序成為企業辦事效率的殺手。企業應該是因事而設人轉換為因人而設事，簡單直線順流的工作程序，逐漸演變成複雜交叉的網路，所有的人都被網在裡面難以脫身。看到很多企業的員工包括各級主管都忙碌得不可開交，直嘆賺錢辛苦，企業管理難為，此為禍首之一。

如果企業內任何事務的分配都從確定作業程序著手，再切分至應該對應的職務，那麼擔任該職務的人，需要什麼樣的知識背景、工作技能與經驗，以及該具備哪些特質才能把工作做好，在工作內容清楚界定在一定的範圍之內時，這些用人的條件應已非常明確。

過與不及顯然都不是好事。過者，做事的人沒有成就感，企業也為此付出超額的用人成本；不及，員工備感壓力沉重，並不時為不對等的收入抱屈。

# 準備好了才上任，別忘了未雨綢繆

小家庭養兒育女持家的瑣碎家事，讓大部分的年輕家庭主婦心焦力瘁。有很多成家不久的主婦寧可選擇外出上班賺錢，再花大錢將幼兒女轉託給專業保母。在相對單純的辦公室只做那些自己能力範圍內會做的事，比操持家務來得輕鬆自在。養兒育女對初為人母者來說，任何一件事都是新鮮事，得從頭學起，難免驚慌失措，也絕對稱不上順手。但對專門幫這些無力照顧幼童的家庭，看顧各種年歲孩童的保母來說，同時招呼兩三位小童，還行有餘力呢！因為有經驗有能力而駕輕就熟。

企業找人來做事，想當然爾是非常希望找到對於這件事熟悉度非常高的人，那麼到任後可立即上手。除了不耽誤事，付出的薪水也不會因為嘗試錯誤的學習過程太長而浪費泰半。要做到這種水準，明確的工作內容和職能要求條件一樣也不能少。

很多主管不怎麼遵守這樣的規則，經常心急的在未確認他可勝任時就讓生手倉促上任；或任意的調動員工的職務，而不問他是否完全勝任。新到任者在學習曲線前端逐漸熟悉的階段，未達標準的做事效率和發生的錯誤，成為企業損失的組成要素之一。這些損失不像掉了或弄壞了一樣有形的東西，可以馬上發覺、立即有感受，因此經常被經營管理者忽略，還被視為理所當然是該付出的學費呢！

準備好了才上陣，還是邊做邊學？需求孔急的情勢，常使後者成為決策者的選擇，把未雨綢繆這檔子事遠遠的拋諸腦後，企業得承擔的損失也找到合理化的藉口。

# 胡亂雜學，浪費資源

不全然的適才適任和錯綜複雜的作業程序，讓許許多多少了一點權勢可運用的上班族，身陷在人與事交錯建構的迷網中，只能以長時間的工作來彌補因此而失去的生產力，以犧牲正常的生活來爭取主管的認可。無力改變現況的情形下，經營管理者經常被導引轉而思考員工能力不足的問題。這些員工是不是應當多接受一些教育訓練來提升他們的知識程度、技術水準和強化某些特質及做事的技巧和態度呢？當這樣的思考方向盤據在心中一段時間後，教育訓練開始成為企業關注的事情。每一個企業都這麼做的時候，傻子過年看隔壁：有樣學樣，成為企業執行教育訓練的通則，不太有人再去計較它的真正成效。

雖然每位員工都經歷過正規教育體制的洗禮才可能成為企業的一員，但是老實說很少有人真正的了解教育制度建置的內含。畢竟學生只要按照制度所設定的程序用功讀書，畢業後，多多少少擁有一些基本的知識或習得一技之長。因此管理者直覺的認為只要投入教育資源，員工就應有所收穫，企業面臨的問題連帶的可以得到答案。

當國際交往愈發簡易、頻繁而盛行時，咸認英文是擴大接觸面進而增長見識的基本工具，於是吸引一大群人不分青紅皂白搶著學英文，以致英文補習班大發利市。其實許多人的生活圈或工作內容，根本和英文搭不上邊，在沒有機會和不常使用下，花了好多時間好不容易學會的簡單英文，不旋踵間全部還給了老師，寶貴的時間就這麼虛擲了。如果把學英文的精力花在補足目前能力的不足，立即運用在工作上或週遭的生活中，收穫和效益何止千百倍。當一窩蜂的現象發生的時候，大部分的人失去思考比較利益的理智。

針對需要而學習，是在完成普及教育後再學習時最受到推崇的模式。它的精神是需要什麼、欠缺多少則補足多少，和企業追求投資報酬率，投入多少就期望有多少回報的精神一致。那些無形的提升、可能有用、很難量化評估效果的教育訓練，對企業來說似乎都欠缺務實的要素而格格不入。

企業如對每一項職務的任用者，都清楚界定他必須具備的職能項目和要求標準，如再具備檢測評量的方法，要找到員工欠缺的能力和多寡則不是一件不可能的事。以人力資源為主的企業顧問公司，都很清楚有哪些名師開哪些課程可以滿足企業的需求。企業要做的只是建立起明確的職能制度，知道員工能力不足之處並選擇適當的課程。

主管自由心證、聽任員工或企業顧問公司胡吹瞎編的課程，徒然浪費企業的寶貴資源。

# 可以重複使用，為何用後即丟？

用一次就丟的餐具既方便又衛生，有好久一段時間受到全球消費者的喜愛。當這些用後即丟的餐具或容器數愈來愈龐大的時候，關切環境保護的團體發現，這些大部份由塑膠所製造的容器，雖然百年仍不會自然風化分解。龐大的數量遂演變成環境汙染的棘手問題，長期的累積將影響到人類的永續生存。塑膠是石油煉解過程中的副產品，當全球石油逐漸枯竭時，被大家習以為常、用後即丟的使用方式，遂成為地球資源的一種浪費。如果再計入塑膠製品製造過程中產生的二氧化碳（$CO_2$）對大氣的影響，可能讓地球上的每一個人，不分地域均身受其害。傳統的可以重複使用的餐具和非塑膠容器，重新回到家庭和餐廳的餐桌上，越來越多人隨身帶著環保筷出門，拎著可以重複使用的購物袋上街購物。

經歷這麼一圈重回原點，人類因此而認知地球的資源有限，不可以隨意浪費，應多珍惜，能重複使用的就不要隨手丟棄。

相對於龐大的地球資源，企業的資源相形渺小。它是企業用來生財的基本而必要的條件，如果其中有一分一毫未能妥適的發揮它最大的效益，企業的獲益和未來的成長都將因此受到損傷。

企業投資經費於員工教育訓練用來提昇人力素質和辦事效率，視為理所當然。這些費用大部分用在聘請教師對特定的員工講述知識，因為員工流動和職位變動的雙重因素，相同課程重複開課的頻率很高，意味著費用也得重複的支出。如果能夠把教師每一次講課的內容，以多媒體格式或文字形式記錄下來並善加整理，這些看似虛擬的知識，似乎就可以被有系統的保留，並無限次重複的使用強化其效果，日積月累將成為企業的知識寶庫，成為增強企業競爭力的利器。節省下來的費用，可以用在其他的領域獲取更大的比較利益，一舉數得。

大部份的企業管理者對看得到、摸得到實體事務的關注，遠勝於難以具像、摸不著邊的軟體事務，有限的資源因而在不知不覺中被虛擲浪費。當這些需要長時間才能建立的軟實力不能和硬實力匹配時，成長停滯的現象就會顯現，也常讓經營者百思而不得其解。

# 關鍵績效指標多如牛毛，等於沒有

如果某件事情或因素之前冠以「關鍵」之名，任何聽到或看到這個名詞的人，不需要太多的解釋，就知道它很重要得特別留神，否則很可能一件好事因此而搞砸了，或者後果將不好收拾。

曾幾何時，有人喊出「關鍵中的關鍵」重疊式的詞彙，意思是非常的重要，顯然單一的「關鍵」還不能充分表達它的重要性，於是它原來表達的意涵就被弱化了，沒那麼重要了。一個堆疊式看似多餘帶些花俏的詞彙，把原先無須多做解釋心領神會的意思給變了調，聽或看的人開始分不清楚沒有重複出現只有單一「關鍵」的陳述，它的重要性到底何在？到底是重要還是不重要呢？

一位員工在企業任職，每天都得做很多的事，有些事天天得做，不論難易，做久了自然熟能生巧，也幾乎不會出差錯，這些事根本不需要管理者花心思關注，大可放心。有些事同樣不分難易，它可能不常做也可能常做，但是只要做的不合乎要求的標準或稍有差錯，影響的層面就很多，經過類似甩鞭式尾端的放大效果，企業可能得遭受重大的傷害。或許是財務上的損失，也可能對不住客戶或影響商譽。這些事當然是經營管理者得非常關切而費心的，每一階層的主管得像聖旨般小心的捧著，執行者必須清楚茲事體大，得按規矩做事做到符合要求的標準，不能出差錯。

這些企業特別關注的事，隨著企業當時的情況而不同，也可能延續相當長的一段時間仍覺得非常的重要而保存下來。做這些事自然有它被要求的標準。因為事情的本身是那麼的重要，因此被要求的標準也就被冠以「關鍵」兩字，稱為「關鍵績效指標」，英文稱為"Key Performance Indicator"（簡稱ＫＰＩ）。

管理者希望員工做每一件事都能達到一定的要求標準，這些要求標準可以讓員工做事情的時候有所依循，也可以用來評價員工績效的好壞，支付薪水、獎金或升遷才有基本的依據，不會過分的淪於個人主觀的好惡。所以這些要求標準也稱為：績效指標。因為員工做的事很多，績效指標也多，如果把所有的績效指標都冠以「關鍵」，企業似乎對每一件事情都非常的在意。當不分大小事情都投以相同心力的時候，真正應關切注意的事缺乏足夠心力的養分，結果可想而知。因為天下從來沒有盡如人意的事和人。

關鍵二字濫用的情形在企業或功能單位中到處可見，員工沒有能力於其中再分辨何者確實重要，也抗拒不了主管的認知，以致無所適從，於是關鍵指標不是關鍵，只能一視同仁。主管只得以「關鍵中的關鍵」來強調它的無比重要。

分辨輕重知所取捨，原本是身為主管者必須具備的基本能力，但是許多的主管和企業經常掌握不住它的精髓，鉅細靡遺的用心與要求，常導致因小而失大的後果，在其麾下的一般員工因此而忙碌到不知天南地北的昏了頭。

關鍵績效指標在精不在多，如果多如牛毛，等於沒有。

## 想更好的法子提高生產力，不要只要求員工付出更多的勞力

農業時代當家的男主人起個大早牽一頭牛頂著晨曦日出而作，拖著疲憊的身軀日落而息，一家老小的飽餐溫暖，幾乎全靠這一畝田的收成，如果家裡有兩名壯丁，再多加一頭牛和一畝田，收成加倍。多出來的糧食賣給別人換得銀兩，可以添購些家用品或儲蓄起來，生活比較寬裕。

在那個年代，身強力壯的男丁愈多，意味著財富愈多，因此家家戶戶都希望能多添男丁，連帶著婦女的地位也隨著生兒子的多寡而有高低分別。多子多孫多福氣，家族成員愈多就愈興旺。

農業機械的出現改變了這樣的社會型態，一台農業機械幹的活，抵得上十條、二十條的牛，它只需一位農夫就能駕馭，收成都是以往的十倍、二十倍。男丁不再像以往那麼重要，家族的結構因它而被顛覆，人多不再是興旺的代名詞。雖說男丁的地位不如以往，但是重男輕女的觀念，歷經數代之更替仍隱然存在，深植人心。

觀念的改變似乎總是落後於事實的需求，而且是很長的一段時間。

天災是農業收成最大的敵人，水、風、溫度等氣候的遽然變化，可能將農夫的所有辛勤在一夕間化為烏有，如果能夠培植出更耐旱、耐水、耐氣候變化或果實更飽滿、結實更多的植物和種植培育技術，因為它的影響擴及全面，農獲量的貢獻更超越農業機械的發明，甚至改變了全人類的生活形態。過多的食物所導致的肥胖，反而成為近年來最夯的議題。

植物新品種的培育，倚賴的是農業專家對植物與環境長期潛心研究發展所得到的知識，因此而增加的收成遠遠超越靠增加人力和機械設備之所獲。

無窮盡的知識主宰了人類進步的步伐。沒有知識的進步，現在的社會不會是現在這個樣子。

一畝田、一頭牛、一位農夫、一季能收成的農作物，到了現代被管理學界很有學問的稱為「生產力」。生產力高表示付出一樣的努力所得到的收穫比較多。如果在團體裡頭一位員工和一個單位被稱譽有高的生產力，意思就是貢獻度比較大，換言之被稱譽者對所得提高可以有些期待。

企業中每一個人的高生產力如果是因為員工利用超時的加班而獲得，充其量只能說這是以比別人付出多一點的勞力來換取多一點的收成。許多人因而犧牲了正常的休閒和睡眠的時間。這樣的高生產力似乎沒有值得誇耀之處。

企業如果投注很多的心力在設備的更新、生產技術的精進、人員能力提升或作業程序的改善，因而增加的生產力，遠比延長工時仿如壓榨人力的方式來得高明。就好像以農業機械來協助農夫，取代了大部分的人力付出，農夫得以獲得喘息的空間，農產品的收成又可以大幅度的提高，比之起早趕晚的多一點付出換取多一些的收成有意義。

有些企業看得更遠，致力於研究發展，全力開發新的、性能更好、生產起來更簡便的產品。如果能領先同業推到市場上賣個好價錢，將倍增的收益換算成員工的平均生產力，超高的數值常令人咋舌。這些企業的員工靠知識遠比靠體力，靠人數獲得更多甜美而豐盛的果實。

企業的生產力在高低之間，不只是比平均一個人的高低，也比平均一小時、比投入一文錢的高低，比營業額也比利潤，比之前也比現在和未來，比自己也比競爭者。如果起起伏伏，但平均起來不但沒有增加，反而衰退，不用多說，這個企業不是一個有長進的企業，管理者帶領的方向和付出可能都用錯了，員工無奈的跟著受累受苦。

# 身處資訊科技年代，老法子落伍了！

若說汽車的發明是影響人類文明進展的重大因素，應該並不為過。

以前驢、馬為主要交通工具的年代，氣喘吁吁一天所趕的路程，現代的汽車花一個小時綽綽有餘，還悠然輕鬆。騎驢、馬和步行不再是人們往來的工具和方式，反而演變成現代人紓壓、健身的輔助，川流不息的汽車取而代之，飛快的速度讓現代人難以得閒。

因為交通事故而失去的生命，不僅帶給親屬無比的傷痛，也促使汽車製造商從行車安全的角度，致力研發出各種電子裝置，以佈滿全車各處的感知器，隨時偵測汽車本身和週遭的狀況，當有異常的時候，立即以訊號通知駕駛人迴避；或自主調整動力輸出，彌補人為反應之不足。

這些以英文縮寫為代表，琳瑯滿目的新增功能，雖然許多人不見得清楚它真正的功效和需要，但只要配備了都得由消費者埋單。所以車輛並沒有因為車輛數目增加和基本製造技術成熟而降低售價，反而節節昇高，以前不太常見的百萬名車，現在處處可見。

汽車公司在設計這些安全警示設備的時候，並不會將感知器測知的訊息全部顯示在儀表板上，因為大部分的消費者看了不知所云失去數據呈現的意義，只有當情況超過標準值可能發生問題時，才會以警示燈或聲響提醒駕駛人注意準備反應。駕駛人在正常情況下，根本不會察覺這些設備的存在，只消注意路況按照交通規則專心開車就能保平安。

要讓企業保持正常的運作不出差錯，或許小差錯難以避免，但至少不要出大錯到傷筋害骨，那麼各種營運訊息忠實而及時的呈現非常的重要。這類資訊蒐集的裝置，仿如汽車為了避免行車事故而廣設密佈的感知器，各種資料在平時自動的被截取、蒐集和整理，只有當數值超越事先設定的標準值，才會發出令管理者不得不注意的警訊，以便立即採取對應和糾正措施。

這些基礎資料是各項作業在執行的過程中，執行者在預先設計的架構下，不自覺的以簡易而快速方式置入、存在資料庫裡，數據的整理也是在你我不知的情況下由資訊設備處理，並和設定好的要求標準比對。

如這些基礎資料的建置極為費事，資料的整理還得仰賴人工，要求的標準又未明文確定或模稜兩可，那麼管理人員得到訊息的時候，早已超過事情發生的第一時間，傷害已經擴大，事後的補救將極為棘手大費周章。

當企業進步到廣泛地運用電腦資訊系統來處理企業營運過程中的複雜資料時，卻經常不知道如何運用資訊系統來得到即時的資訊，仍然隨性之所至的仰賴人工的整理，以致失去解決問題的黃金時間，著實令人扼腕。若連各種行事的標準都說得不清不楚，實在枉費了現代科技所具備的強大功能。

身處飛躍奔馳的現代，行事風格卻停滯在草鞋布鞋的階段，這樣的經營管理者和企業還不在少數，不覺得可笑嗎？

# 一個畫面搞不定一件事，苦了承辦人員

很多人想到得親赴政府機構辦點事，譬如申請證明和文件，就容易引發憂慮。那些複雜的程序、重複填寫的資料和散佈在不同地點的審查處所，總讓初次接觸的民眾，一下子摸不著頭緒忙得團團轉。忍著心中的咕噥，還經常得面對態度不怎麼友善的承辦人員，申辦的民眾無不期望趕緊了結逃離現場。

有些機關的首長比較能體會民眾的心理和感受，於是打破單位間的藩籬，把得到處找承辦單位的程序，全部集中在一塊，只消一位承辦人員就能完成各項的審查手續，資料的填寫也一次搞定。能夠這麼做的機關和首長都因此獲得便民、親民的聲譽。會站在民眾的立場來思考和調整作法，是這些機關首長比別人聰明的地方。

因為電腦的普及和資訊系統的大量建置，現在只要走進企業的任何一個單位，都會看到四處林立的電腦銀幕。辦事人員幾乎可以整天盯著銀幕就辦完所有的事，企業的辦事效率似乎提升了不少。管理者也因此不太清楚這些辦事人員，他們到底怎麼處理事情的。其實很多資訊系統設計的並不高明。承辦人員在用電腦處理一件事的時候，經常得開很多的電腦畫面，每開一個畫面，可能因為瞬間資料使用量大或搜尋複雜，大部分的時候承辦人員都得等待一段時間。如果輸入資料時得東拉西扯的找尋一些輸入工具，或畫面的佈局並不符合資料填註的邏輯順序，我們會看到這些承辦人員不是在等待，就是看到游標到處穿梭、飛舞好不熱鬧，時間因此流逝。

這樣的行為像極了公家機關一直以來的辦事程序和遭人詬病之處，只不過企業把相同的實景轉換成電腦畫面，因為辦事人員不是企業看重的對象，因此他們的聲音和感受顯得微弱而被忽略。加上電腦系統近乎是壟斷的專業，資訊系統維護人員，只消賣弄一些術語，許多的建議就仿如石沉大海難見天日，這些現象因而普遍存在企業中不得改善。難怪資訊系統在花了大錢設置之後，少有人能明確的指出它為企業帶來多大的效益。

經常得處理的事務，如果只有一幅電腦畫面，處理的程序又合乎邏輯順序，而且使用的工具就手，相信第一個額手稱慶的是事務的承辦人員。他們的寶貴時間，將不再浪費在銀幕前等待電腦畫面開啟和游標穿梭滑移之間，事務處理量的顯著增加和時間縮短，也多少能讓企業經營管理者實質的感受到資訊系統投資的效益，碰到資訊系統再投資時比較不會那麼猶疑難決。

# 各自獨立的軟體，為企業帶來看不到的浪費

機構在建制組織體系的時候，總是習慣性的以功能的不同來劃分單位。同一個功能單位的成員都知道，只要做好他們分內該做的事就算功德圓滿。至於別的單位做得好或壞、方便與否，實在不關他們的事，如進而上綱，套上企業整體表現大家都有份的帽子，對無權無勢的小員工來說，似乎離他們遠了些。不免會反問，那不是經營管理者的責任嗎？當絕大部分的單位或個人，以功能差異為組織體系劃分的基準時，這種認知和心態實屬必然，一語括之，此即為本位主義，如影隨形。清楚的顯示出：單位內的所有人員，包含主管，做任何事情只會就自身的利害思考，除此而外，漠然處之是為常態。

企業內的事情在處理的過程中，只和一個單位有關係的很少看到，絕大部分的情形是，既受其他單位的影響，也影響到其他單位。我們不希望別的單位把不太適用的東西交到自己的手上，照道理說也不應把別的單位不適用的東西交出去。如要達到這樣的水準，單位和單位之間相互溝通、了解，適度的打破本位主義的桎梏變得非常重要，跨部門會議滿天飛因此而來。若組織體系劃分方式依舊，事權分散未能統一，這樣的現象永遠存在。

電腦資訊發展出系統用來協助企業內各個單位的運作是晚近的事。資訊公司選擇企業中某一個單位的需求，動用全部資源研發撰寫出一套軟體，由此展開推廣的業務，開啟了企業的生命。每一家的資訊公司都是這樣起的頭，所以企業所使用的軟體五花八門，每一套單獨的軟體都能滿足一個單位的需求，但是不同單位使用不同軟體之間並不相通。當同一件事務在不同單位之間游動的時候，只要轉到另一個資訊軟體，辦事人員就得把上一個軟體所得到的資訊全部重新輸入到下一個使用的軟體系統中。對企業而言，這樣的重複工作完全不具生產力，易言之就是浪費。當事務的數量愈多時，無形的浪費愈多。

如此的行為仿如大家熟之的本位主義，各單位只在乎本身的方便，卻忽略了其他單位的需求和感受，為企業帶來的傷害如出一轍。

雖然企業資源規劃系統（簡稱ＥＲＰ），致力於解決這種現象和問題，不過許多的企業在改用ＥＲＰ的時候，仍然保留了許多已經就手的獨立軟體。它們和ＥＲＰ系統之間無障礙的結合並連成一氣，通常是資訊單位最頭痛的問題。它攸關企業的營運效率，卻因為複雜難懂難以施力，常被經營管理者忽略。

# 把直覺和事後聰明擺一邊，讓即時成本協助你的判斷

任何一家賣場貨品陳列架上標示的價格，毫無疑問的是售價。在景氣不是很好大家都縮衣節食的時候，看起來相同的東西，尤其是民生必需品，只要售價比以前低一些或比其他牌子少一些，還是能吸引消費者優先選購，銷售量通常不會受到景氣不佳的影響。婆婆媽媽們是購買這些物品的主要客群，她們對常購品價格的敏感度無人能出左右。但是再怎麼比較，也只能憑記憶在售價上打轉，聰明的商人有時在重量、包裝或內容成份上動了些手腳，看似便宜的東西很多時候並不便宜。

如果有一天，貨品的售價標籤中加入成本的數字，那麼不只是婆婆媽媽了，而是所有的消費者將完全清楚何謂物超所值，那些售價驚人但相較之下成本卻極為低廉的所謂精品，可能全無立足之地。不過這樣的情形不論現在或未來都不會發生。

任何一件事或一件物品，當它的成本被正確秀出來的時候，所有的人都會變得像婆婆媽媽般的精明。但是當成本不是很清楚明確的時候，縱使斤斤計較如婆婆媽媽者，也很容易被矇騙。企業如果想經營得好，精確的成本統計絕對重要。

負責成本計算的會計人員，週期性的忙錄都集中在月底，他們得等到所有的資料都搜集完全後才算得出真正的成本。這些成本數據對稅務申報和財務報表的製作極為重要，可是對經營管理的改善或事情的矯正，因為即時性不足而使不上勁。管理者在每個月初看到報表時，只知道整理經營狀況變好或變壞，卻不太清楚變好變壞真正來自於何種因素。

到底是哪個客戶、哪一筆訂單、哪一些產品或哪一個決策使經營狀態成為現在這副模樣？如果這些事務在發生的當時，耗費的成本被清楚的顯示在經營管理者眼前，甚至尚未發生前，已準確而明白的預測出它所投入的資源，那麼所有的矯正行為必然即時而切中時弊，不必事後再追究卻遍尋不着真正的原因。有些決策也不至於一廂情願和樂觀過頭，到頭來再自怨自艾。

當一家企業的各種基礎結構和行為資訊紀錄均相當細緻而充分時，想要秀出各種單一或聯合行為所耗花的費用，也就是即時的成本，並不困難。企業在經營的初期，免不了得摸石過河、步步為營，但是當企業已經上岸略具規模時，如依然相信直覺或個人的英明，不如從及時資訊中做決斷來得穩當。

# 可不要擴大解釋成功的經驗，錢多反而容易出亂子

時代愈進步，路上的人行腳步也愈快。繁忙的工作讓大部分的人終日無閒，日積月累的緊張逐漸形成揮之不去的壓力，偶爾暫離工作的悠閒時刻，大部的人不願意再刻意花精力去面對那些在未來確實很重要又嚴肅的問題。這些可能發生的問題目前還沒有爆開，裝作沒看見可以當成沒事，反之時人名流八卦新聞的街談巷論和無厘頭搞笑的事，成為一般人釋壓的最佳出口。電視為了迎合觀眾的口味，總是在播一些惡整來賓、言語辛辣、顏色偏黃，和行為舉止看起來幼稚的可笑節目；以時尚名人的八卦為主要報導內容的

報紙和雜誌，銷售量躍居前茅，充分反應了這種現象。每隔一段時間，就會有狗仔爆出來某位名人在外偷情、養妾、生子，或富豪子女爭產的消息。電視、廣播、報章、雜誌可以因為這些八卦熱鬧好一陣子。會鬧出這種新聞的人都有一個共通的特點，他們都很有錢。人在行有餘力時，容易發生把持不住道德逾矩的事。正在為生存掙扎為五斗米折腰的所謂普羅大眾，只有看熱鬧的份。

男人有錢容易出亂子，金錢誘使拜金女主動投懷送抱，天外飛來的豔遇，很少男人把持得住，麻煩也經常接踵而至。似乎有異曲同工之妙的是企業有錢則容易亂投資。當企業手頭的閒錢夠多時，市場上各種投資賺錢的機會，通通化身為妖嬌女向企業頻送秋波。這些經營成功的企業主或經營管理者，個個自認為精明過人，洞悉商機所在正是他們的專長。新投資的標的如果是落在本業相關的領域，自然難逃法眼，只消抓住幾個重點則圖窮匕現，預測獲利與否八九不離十。

但是如擴大自己的本事和經驗至本業範圍以外，要做決策就沒那麼容易了。除非依賴專業的投資評估團隊，否則業外的各項投資，經常在一段時間後，搞得本業賺來的辛苦錢消失無蹤。

評估團隊對某一個產業的投入，得做到他們好像身在產業之中，完全瞭解該產業的生態環境、各家企業經營成功與失敗的歷程和所有成功者的竅門所在。如果這些評估者只是蒐集、解析資料和主觀的臆測未來，卻小看了各種實際經營面無法解決的問題和突發風險的影響程度，這些評估比較像事不關己的學術論文，投資者很容易被天花亂墜的言語未盡真實的說詞所迷惑。

一家企業如果有眾多業外投資項目，卻未看到由企業自己所組成，陣容堅強的投資評估和經營管理的專業團隊，任誰都會替這家企業捏一把冷汗。因為不知道這些投資項目哪一個在什麼時候會出什麼樣的亂子。

# 獨立，少了庇護的子公司，才能成就大事業

炎炎夏日走進蒼蓊茂鬱的森林，撲面而來的是沁心涼風頓然暑氣全消。地面上滿鋪厚如毛毯的落葉和橫七豎八的殘枝斷木，陽光只能稀稀落落的從高聳的枝葉隙縫中灑落，暈弱的光線夠你信步四處逛逛，享受酷夏的陰涼。

在錯落有致高聳入雲的大樹下，找不著小樹，只有耐陰的地衣伏地遍布和依附腐木、樹幹而生綠意盎然的蕨科植物。微弱的光線阻斷了小樹的生長，在這片自然形成的森林裡，你會發現相同的大樹成群比鄰而居，彼此之間維持一定的距離也都高聳入雲，每一株樹獨立成長到現在的規模都擁有自己的一片天空，它們都不在其他樹木的庇蔭下。那些在大樹下偶爾冒出來的

小樹，缺乏足夠的陽光很難存活。

這些大樹的種子被鳥兒吞食後，遺放在遙遠的空地上，或者被風吹到一定距離的遠處外，幸運的受到陽光的照拂而發芽，歷經無數的風吹雨打和其他樹種的競爭，小樹一路艱辛的成長為大樹。

那些掉落在大樹下的種子，在春天到來時發了芽，有大樹的庇蔭，雖然少了風雨肆虐，可是陽光被大樹遮蔽，永遠成不了氣候，終至枯萎和落葉殘枝為伍。離開父母的懷抱，獨自面對四面八方而來的競爭搶奪，所有的茁壯都是這樣練就出來的。

企業成長到一定的規模，必然走上開枝繁衍的路子，那些灑出來的種子，有母公司的雄厚資源做為後盾，初期的成長比起母公司創業時要容易的多。資金、人才、產品、市場和商業人脈，只要向母公司伸手，都能獲得一定程度的奧援。很多企業把自家的產品撥一些額度交給子公司生產或銷售，憑藉著扶植自家人的心理或母公司的聲譽，她們不愁沒有業務來源。

這樣優渥的環境和條件，如果不能逐步減少比重，子公司永遠無法從和外界激烈的競爭過程中，練就出獨立求生的堅韌本事，創造出另一片不一樣的天空。母公司的庇護在子公司成立的初期是好事，如果長期不變倚賴成性就成為壞事。開枝繁衍成為大家族的夢想，有時因一念之仁而難以實現。

子公司在設立之前，是否希望她成為獨立自主的個體，是一定要仔細思考的事。有計畫的抽離母公司的協助，反而能促成子公司站穩腳步。如果她只是母公司生產或銷售循環中的一個環節，那麼她只不過是一個陣容比較龐大或分散在不同地域的功能單位罷了，對應的組織、授權、地位、職責和獨立自主的子公司大不相同，此時個別的表現不再重要，和母公司合併的整體績效才是重點。

# 企業要健康，誠實面對少不了

很多被視為美德的東西，在懵懵懂懂的時候父母親就已經告訴我們了，進了學校老師更諄諄教誨嘮叨個沒完，可是好些時候我們還是會背道而馳。從小到大沒有人敢說他從未說過一句謊話，當謊言被冠以善意之名，更是師出有名堂而皇之了。

絕大部分的人也都有考試作弊的經驗，同學之間不吝相互交流作弊的心得，直到從學校畢業的時候，還可能嫺熟各種手法而為箇中高手呢！標榜榮譽為軍人之魂的美國西點軍校和國內的國軍軍官養成學校。同樣爆發考試集體作弊的事件，可見一斑。誠實這樣美德，沒有人認為它不重要，但是如果因為誠實而自曝其短，很多人通常就顧不得那麼多了。

在現在極端競爭的社會，給別人一個好的印象非常的重要。一個人得把不好的隱藏起來不讓人發現，呈現在別人眼前如果都是好的一面，那麼得到的評價就不一樣，在職場上獲得拔擢的機會就多。激烈競爭的環境，誠實這樣的美德經常因此而蒙塵。

很多雄據一方獨當一面的經營管理者，為了美化他的經營成果，有一些當期該明列沖帳的呆帳、已知沒有用途的呆滯庫存材料、跌價幅度很多的各種庫存、過時再也銷售不掉的產品或者沒有用的設備，一年拖過一年不願意處理或刻意迴避，結果不是經營管理者被拔擢至更高的職位，就是把這些累積的債留給倒楣的繼任者來承擔。更等而下之的是運用虛擬的交易來增加營收呢！

個人因為自身的利害關係會這樣盤算，很多企業本身也玩相同的把戲。把那些事實上已經知道的損失隱藏在各種會計科目裡面，表面好看的財務報表足以誘使投資客投入資金。縱使是公開發行股票的上市公司，依然到處是地雷，一般人要挑出這些問題根本不可能，專業的會計師若對該產業的生態不熟悉，再加上沒有充裕的時間深入，一樣難以分辨真偽。只消看金融機構一次打消的巨額呆帳，就知道誠實在企業落實的程度真的不高。

還原企業的原貌呈現出它最真實的一面，用誠實換得及早矯正的機會，對企業經營的健康來說應該是一件好事。

# 少了最壞打算，沒有具體作法的預算，誰相信做得到就奇了！

大部分的人這一輩子所賺到的錢不會太多，總覺得不夠用，因此在花錢的時候得不時的計算著，如果手頭很鬆，當入不敷出甚至影響到日常生計時，不得不厚著臉皮跟親朋好友借貸。有借貸經驗的人都知道，看人臉色借貸的日子，實在不好受，萬不得已，沒人願意這麼做。那些有國家法律作為後倚的金融機構，從這裡看到商機，推出高利率的個人信用貸款，手上只要有一張得來容易的信用卡和簡單到不行的手續，完全不需要看人臉色就貸到錢，讓那些自制力不是很好的人趨之若鶩，換得的結果是一輩子替銀行做牛做馬，深陷高利貸的泥淖。

如果每花一筆錢之前，都曾經仔細的盤算過，再如果一個人的收入談不上有剩餘可以儲蓄，但做到有多少錢花多少錢，這樣的慘事就不會發生。

經營企業為了不讓這種類似於個人深陷鉅額負債的慘況發生，每一家企業在歲末年初的時候，都會絞盡腦汁的想一想來年有多少收入可以入帳，並且得仔細的算一算，要獲得這些收入得支付多少錢出去。如果收支不能平衡，就得負債了。這些負債若不是由股東的荷包掏出錢來，就得拿公司的財產想法子向銀行借貸。如果企業的年度收入大於支出，多出來的錢自然是賺到的。

未來的收入是一種假設狀況，雖然是假設也不能天馬行空，得有根據，也就是說企業得知道自己的本事在哪裡？有多少？用什麼法子可以把東西賣掉換成手邊的銀子？而且還得考慮事情或許不如想像中的順利，它可能面臨一些意想不到的變化，我們也都知道好事不過三，惡運卻連番的事實。因此絕對不能只想到美好的未來，卻不小心甚至是刻意的忽略可能發生的最壞的狀況，而且是壞得離譜。

把自己經營的企業拿來和競爭者對比一下，任誰都看得出來其間之優劣在哪裡？自家的本事有多少？多大。這些優勢得化為行動才能吸引客戶上門，如果只有華麗而虛幻的口號，但缺少實際的行動步驟和方法，想法和做法之之間的落差，會讓期望中的營收打個折扣。口號愈響亮愈浮誇，做法愈不細緻，落差就愈大。

許多企業沒能事先仔細的搞定「如何做」這碼子的事，結果只能憑運氣或八字了。

# 不懂得量入為出的彈性預算，哪夠資格稱有管理？

世界上有很多的國家領袖為鉅額的負債煩惱，別看這些國家領袖外表看來光鮮亮麗，演講時義正辭嚴字字珠璣，隨便一個動念就會影響成千上萬的民眾，甚至波及國際情勢。用借債支撐起來的表面氣勢，騙騙國內那些容易被言詞激情卻搞不清楚實情的支持者是綽綽有餘。骨子裡其實是讓國家債務纏身，有失民眾付託的失敗管理者。他們面對購買鉅額外債的外國領袖時，在心理的量尺上自然短了一截，說起話來連理直時都難以氣壯，只是你我不知道這些私底下的丟臉事。未來在歷史學家的評價下，任內造成鉅額負債這檔子事免不了會被拿來羞辱一番，大大折損其他的英名事蹟。

這些債務的形成，基本上是歷年累積的結果。任何一個當家的人都知道量入為出是持家的基本原則。身邊錢多的時候，手頭可以寬鬆一些，想做的事可以多做一些；當錢進來變少了，錢就得省著點用，想做的事免不了有些就不能做，得緩一緩，等一段時間再說。如果不是這樣就得舉債度日。

這些負債總額不斷創新高的國家，在收入不如預期的時候，領導人缺乏魄力，擔心選票流失支持群眾離散不敢削減支出，仍然照原來的預算規劃花錢，結果如出一轍。

富有如美國者債臺高築逐年遞增是顯著的例子。大部分的美國人自覺現在他們在許多的國際議題上，似乎不得不多聽聽中國人的意見和想法，因為中國大陸已成為美國公債的最大債主，可不能輕易的得罪財神爺。

預算這樣東西是希望管理者在做任何一件事情之前，先想想要花多少錢，花了這些錢是不是可以獲得足夠的效益，如果獲得的比投入的多當然就值得去做，成為預算並且要去花。但是實際的結果如果倒反，收入不如想像中的多甚至比支出的費用還少，那麼有些事就不能如預算編列的方式來做，例如人員的支出就得減少，一般的花費得省著點用，有些投資得暫緩或乾脆取消。

這樣有對應懂得適時調整的企業才像是一個有管理的企業。如果收入已經不夠，支出仍然和預算相同，只有以個人利益最大化為著眼點，不顧別人死活不計整體利害的政客才這麼幹。他們慣以人民的利益為賭注，即是著眼於失去於己無傷的立論，企業這麼做必然傷及所有股東、投資者、員工和管理者自身的權益。所以企業絕不容許經營管理者和其轄下的主管，學政府機構不計收入卻拚命消化預算的僵化兼具浪費之模式，得量入為出隨時彈性調整步步為營。

# 企業分配的不公平，員工給企業的麻煩就不會少

在實施民主制度的社會，執政黨的輪替政權的獲得與否，取決於所有選民心理感受的好惡。說起好惡，千百人有千百種，大家各不相同，有人喜好有魄力的領導者，縱使行事作風有些過頭也不以為意；有些人則愛好謙謙君子，行事中規中矩，有些溫吞少了點效率，粉絲們依然熱情相挺；那些滑頭滑腦、油嘴滑舌、口才一流表面功夫作足的從政者，人氣一樣的紅不讓。這些說不上對錯的個人好惡，慫恿著政治人物，讓他們迷戀於自己的風格，而失去自我反省的能力。

這些基本的有特殊偏好擁護者的數目，並未多到能保證讓政治人物當選，一嚐擁有權力之滋味，因此他們還需要爭取其他人的支持。這個人沒有特別的偏好，因此對事情就比較能客觀持平的看待。還好有這些人的存在，為了爭取他們的支持，為政者的許多決策才不致過於傾斜某一個極端，民主社會方得以緩步的前進。很多人都不滿意民主制度的低效率，但是比起極端必然帶來的禍害，仍然值得推崇。

這些沒有特別偏好卻足以左右政局的民眾，少了偏好的執著堅持，因此對社會的公平正義特別凸顯出他們客觀持平的態度和關注。當社會資源在分配上有過分偏頗的時候，必然引發他們的強烈關切，政治人物怕失去他們的支持不敢輕掠其鋒，政策方向自然扭轉至比較正確的方向。

很少有政府能抵擋得住在選舉時既出錢又出力贊助者的壓力，而不在政策上給予回饋的。只要稍微降低一些關稅，不論是營業稅、遺產稅、進口稅或所得稅等等，這些出得起錢贊助政治人物的企業或支持大戶，馬上可以獲得鉅額的利得，一般民眾沒有直接的感受，也不會有多大的意見。這些獲利者如果未將這些獲利分一些給企業的員工或用在企業未來的發展上，卻投入房地產的投機買賣，在炒熱市場後，轉手間因此可以再獲得一筆可觀的差價利得，連帶使房價快速的攀升，直到一般民眾窮畢生之力，買不起一棟安身立命的小房子的時候，不滿但無處宣洩的情緒必然完全反應在他們的選票上。升斗小民普遍性的憤怒眼看即將影響到政權的存續，逼使執政者不得不正視這個問題，奢侈稅因而推出，房價應聲下跌隨即回歸正常。「不患寡而患不均」，這句話千古未易。

一個國家的執政者可能因為民眾對公平正義的不滿，透過選舉制度讓他下台，企業裡頭如果有相同的情形，在企業組織體系裡佔絕大多數的員工，沒有類似的制度可以表達他們的意見，好讓經營管理者心生警惕或改朝換代，心生不滿的員工似乎只能自我了斷或另謀他職。說來可悲。

企業為了激勵員工，發放獎金是最慣用的手法也最實惠。當一筆獎金發放給一群人的時候，立即面對是否公平正義的問題。有些企業只會把獎金發放給前線衝鋒陷陣的單位或人員，卻忘記成功的戰役是扣扳機的軍士和眾多後勤補給合作的結果，任何一個環節的鬆動都足以壞事。這些隱身幕後的員工如果因為不夠公平不符合正義而心生不滿，同樣可以在不知不覺中為企業帶來許多意想不到的麻煩，因為是間接的影響，總是被只看直接效果的管理者所忽視。當時機成熟員工陸續他就時，接手員工的陣痛期似乎永無終期，以致經營管理者總是忙碌於處理大大小小的問題，終年不斷，可是卻懵然不知非公平正義的分配是禍因之首。企業內眾多的員工不如實施民主制度國家的公民，沒有選擇領導者的權力，不能讓決策扭轉方向，也不可能讓不適任的經營管理階層改朝換代，但不夠盡心的做事態度，也夠讓大權在握的管理者，永遠覺得自己忙得像狗一樣，一刻不得閒。這也算是員工間接給管理者的一種懲罰吧！

BOSS館06　PI0022

# 企業經營這麼做，不賺也不行

作　　者 / 施耀祖
責任編輯 / 鄭伊庭
圖文排版 / 彭君如
封面設計 / 王嵩賀

發 行 人 / 宋政坤
法律顧問 / 毛國樑　律師
印製出版 / 秀威資訊科技股份有限公司
114台北市內湖區瑞光路76巷65號1樓
電話：+886-2-2796-3638　傳真：+886-2-2796-1377
http://www.showwe.com.tw
劃撥帳號 / 19563868　戶名：秀威資訊科技股份有限公司
讀者服務信箱：service@showwe.com.tw
展售門市 / 國家書店（松江門市）
104台北市中山區松江路209號1樓
電話：+886-2-2518-0207　傳真：+886-2-2518-0778
網路訂購 / 秀威網路書店：http://www.bodbooks.com.tw
國家網路書店：http://www.govbooks.com.tw
圖書經銷 / 紅螞蟻圖書有限公司
114台北市內湖區舊宗路二段121巷28、32號4樓
電話：+886-2-2795-3656　傳真：+886-2-2795-4100

2012年11月BOD一版
定價：240元

國家圖書館出版品預行編目

企業經營這麼做, 不賺也不行 / 施耀祖著. -- 一版. -- 臺北
市 : 秀威資訊科技, 2012.11
面； 公分. -- (BOSS館06)
BOD版
ISBN 978-986-221-994-2(平裝)

1. 企業經營

494 101017552

# 讀者回函卡

感謝您購買本書，為提升服務品質，請填妥以下資料，將讀者回函卡直接寄回或傳真本公司，收到您的寶貴意見後，我們會收藏記錄及檢討，謝謝！如您需要了解本公司最新出版書目、購書優惠或企劃活動，歡迎您上網查詢或下載相關資料：http:// www.showwe.com.tw

您購買的書名：______________________________

出生日期：________年________月________日

學歷：□高中（含）以下　□大專　□研究所（含）以上

職業：□製造業　□金融業　□資訊業　□軍警　□傳播業　□自由業
□服務業　□公務員　□教職　□學生　□家管　□其它_____

購書地點：□網路書店　□實體書店　□書展　□郵購　□贈閱　□其他

您從何得知本書的消息？

□網路書店　□實體書店　□網路搜尋　□電子報　□書訊　□雜誌
□傳播媒體　□親友推薦　□網站推薦　□部落格　□其他__________

您對本書的評價：（請填代號　1.非常滿意　2.滿意　3.尚可　4.再改進）

封面設計____　版面編排____　內容____　文／譯筆____　價格____

讀完書後您覺得：

□很有收穫　□有收穫　□收穫不多　□沒收穫

對我們的建議：______________________________

______________________________

______________________________

______________________________

請貼
郵票

11466
台北市內湖區瑞光路 76 巷 65 號 1 樓

**秀威資訊科技股份有限公司** 收

BOD 數位出版事業部

..........................................................................................

（請沿線對折寄回，謝謝！）

姓　　名：＿＿＿＿＿＿＿＿＿＿ 年齡：＿＿＿＿ 性別：□女　□男

郵遞區號：□□□□□

地　　址：＿＿＿＿＿＿＿＿＿＿＿＿＿＿＿＿＿＿＿＿＿＿＿＿

聯絡電話：(日) ＿＿＿＿＿＿＿＿＿＿＿＿ (夜) ＿＿＿＿＿＿＿＿＿＿＿＿

E-mail：＿＿＿＿＿＿＿＿＿＿＿＿＿＿＿＿＿＿＿＿＿＿＿＿